懶人表示：

在家也能瘦

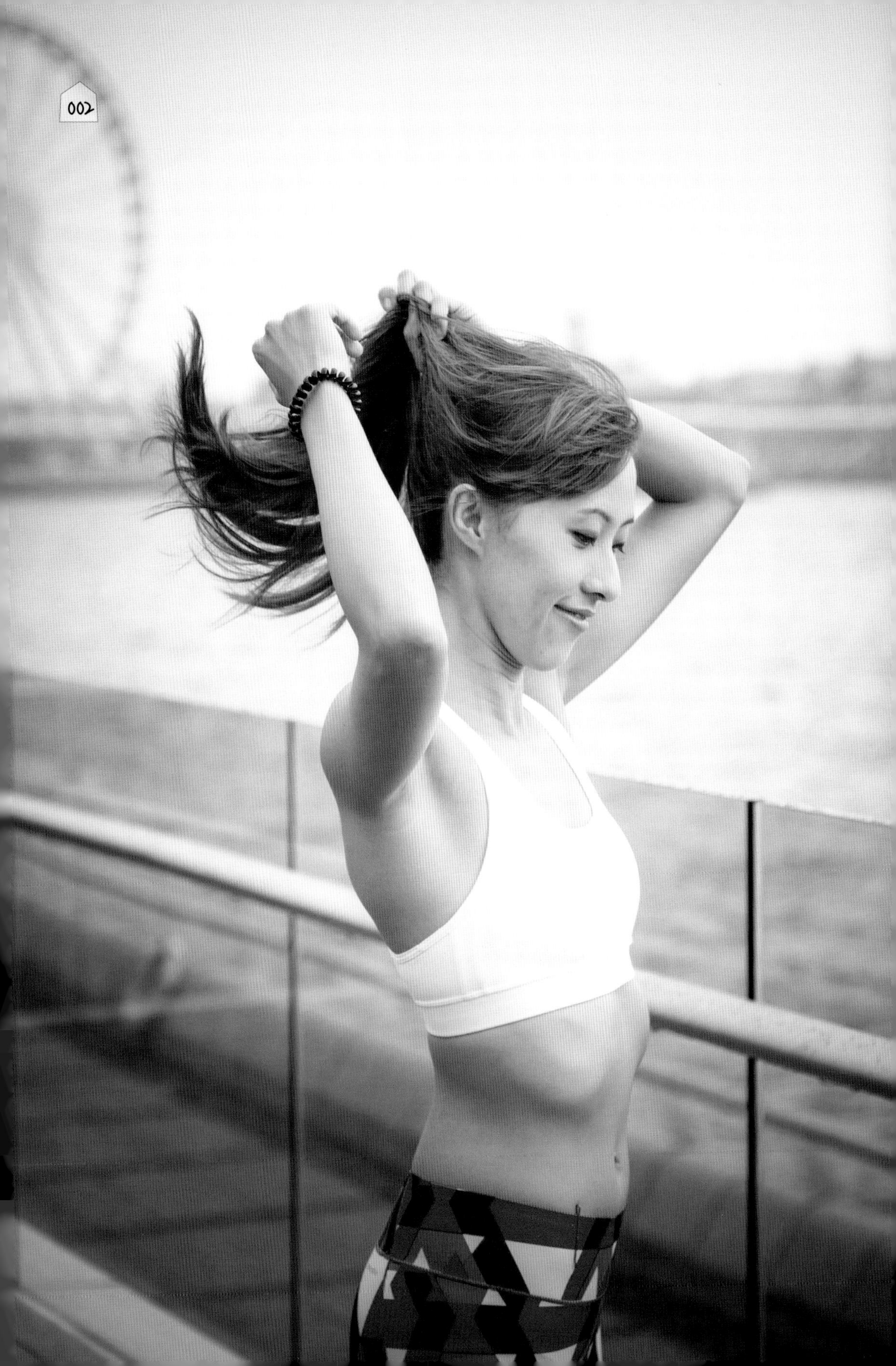

序

　　我深信身心健康是每個人，不論性別、年齡、種族、社會或經濟背景，都應該和必須擁有的。但現今社會節奏急促，普遍工作時間長壓力大，科技和強調消費的社會又提供數之不盡日新月異的娛樂，令到我們對身體和心靈的發展往往被忽略。這本書雖定名為《懶人表示：在家也能瘦》，但我的目標是帶給所有人一個信息：無論時間、空間或設備上有限制，只要你有明確目標和堅定決心，這些限制都不會成為你做運動的障礙。而且運動一樣可以簡單、多變化和有趣味！擁有這本書以後，大家更不應再有任何不做運動的藉口！

　　因為壓力所導致的失眠問題，令我接觸到瑜伽，往後更成為瑜伽導師和健身教練。運動亦給我的人生帶來很多美好轉變、工作機會和難忘經歷。透過這本書，我希望能夠打破時間和地域限制，觸及到全世界更多的人，利用我自身的體驗去鼓勵他們積極運動和追求健康。這裏和大家分享我綜合多年的訓練經驗、教學心得，以及從不同國家多位大師身上所學到的知識，從而令每一位讀者都可以擁有美好的身段、滿瀉的自信心和健康快樂的人生！

黃詠詩 Czon Wong

感謝

我終於成功地完成了第一本作品！這對我來說絕對是一個離開舒適圈的突破和嘗試！在此我希望對以下各位表達我由衷的感謝，造就我能夠在今天完成這本書！

首先當然是我的家人，在我人生中給予無條件的支持！

萬里機構出版有限公司，多謝給予合作的機會，讓我有一個新的身份！

在不同領域賦予我知識，啟發我思考和幫助我成長的老師，澳洲 Stretch Therapy 始創人 Kit Lauglin 和資深導師 Olivia Allnutt、香港浸會大學體育學系系主任鍾伯光教授、物理治療師朱燦麟先生、澳洲華人賽馬會副主席 Derek Lo，以及令我更瞭解自己的導師 Tony Robbins。

adidas 大家庭！ Jamie、Mabel、Molly、Duncan、Kristy、Hays 以及各位參加過 adidas Training Academy 及 adidas Runners 的運動迷！

攝影師 Eric Chan 和陳永樂，沒有你們的心血結晶，這本書就不會成事！

經常合作的媒體朋友們：Kate、Zita、Kimmy、阿杜、Dick Sir、Shirley、Winny、Cano、Jason、Angel、Cynthia、Sharon、Karen、Kate、Ling、Suifi、Yvonne、aMan、Suki、小龍，多謝你們的支持！

經常和我分享人生裏大小事情的朋友們 – 糖妹 Kandy、Stephen Hughes-Landers、Joyce Marot 還有所有曾給予我幫助的朋友，我都會緊緊記於心裏的！

最後當然要多謝我的學生和讀者，你們是我其中一股最大的動力！希望可以繼續和大家一起努力，追求健康的生活和美好的身段！

代序

The biggest physical problems facing most people these days are the kind of aches and pains that come as a result of sitting behind a desk all day: general physical tightness first thing in the mornings, a stiff neck, a body that won't bend, and a general feeling of being uncomfortable in one's body. What is going wrong?

It turns out that our bodies need more than food and drink: the third daily life requirement is movement. But what kind? And where will we do this?

In this book, Czon will show you how the ordinary objects around you in your home are the only tools you need to stay youthful, agile, strong, and flexible. You don't need to go to a gym, or "work out" dressed a special way: all that is necessary is to know what your body needs and to do this in a playful, enjoyable way.

To put it simply, your body needs to be agile enough for all the requirements of your life, it needs to be relaxed enough to feel comfortable, it needs to be strong enough to cope with whatever demands you want to place on it, and it should feel good while all this is happening!

I recommend Czon's book to you, as a means of doing all these. She is a remarkable young woman and it has been wonderful to see her grow and focus. Her driving goal is to help people help themselves, and this book is a perfect example of the practical side of what this looks like, and what can be done by everyone, simply and effectively.

Kit Laughlin

Stretch Therapy™ Founder

代序

　　Czon（詠詩）是我們浸會大學運動及休閒管理碩士課程的畢業生，也是我教過的碩士生中最 Fit 的一位女生。她愛運動，也愛教別人做運動，所以是一位以身作則和充滿熱誠的體適能教練。我很欣賞她這份對工作投入，並且在運動訓練上不斷尋求新知識的積極態度。

　　人人都知道運動對身心有益，但卻不是人人都願意定期做運動。最常不做運動的藉口是「冇時間」；「太忙了」。其實，有心做，何來會沒有時間呢？Czon 往往知道很多都市人都是諸多藉口不做運動，所以寫了這本《懶人表示：在家也能瘦》，希望讓一些人更加方便做運動。只要在家裏，利用自己的體重和簡單的器材，便能夠讓全身鍛鍊得痛痛快快。試問有 Czon 這本書在手，還能對運動説不嗎！？

鍾伯光教授
香港浸會大學體育系主任

做運動對於每個人的最大意義也不同，有些人為了挑戰自己，有些人為了把身體調整到有美感的體格，而我當初找上教練，是因為一個想法，就是希望老來時不用臥病在床，保持活力！所以，在我來說，運動是一輩子的事，不應該感到有壓力，而是讓它成為習慣。

認識 Czon 第一天是因為一起拍攝節目，當天她和她的學生示範了「家居健身」，基本上完全用上自己的體重，又或把可見的物品變成負重工具。常常不定時放工，又不時離開香港的我，當時確實開了眼界，做運動原來可以這麼方便，易實行！

種子種下，事隔多月後，我有一天終於寫了個訊息給 Czon 教練，希望可以跟她上課。而當天，正是我跟着網上片段做了一個多月 HIIT 而沒有感到任何進展的一天，我知道我需要一個教練快速的指引我。上課沒多久，我很快地從身形的變化上看到成績，但是我感到最開心的是，我學習的動作很簡單易記，才更易持之以恆。

而今天大家看到此書的內容，很多都是我出外公幹時會做的動作，在不同的飯店、錄音室、拍攝現場也隨心地實行。較為誇張的一次，我在郵輪上工作時在客房內也堅持做了，始終還有一絲絲搖晃的船身，可真的增加了難度，但實在難忘。

在社會工作，不時會慨嘆身不由己，總是被動，但是運動這個事情本身就是要你主動實行，而且是你絕對能掌控的。如果說你正值想重整生活，掌握自己的人生。不妨從這些簡單的居家運動開始，慢慢掌握回人生的每一步，活得更好，更有活力。

來！一起運動吧！

糖妹（黃山怡）
創作歌手

代序

世界衛生組織在 2013 年宣佈，缺乏運動是全球第四大致死風險因素，僅次於高血壓、抽煙及高血糖，更導致每年 6% 的死亡率。早在 1961 年，美國運動醫學之父 Hans Kraus 已指出肥胖症、高血壓、高膽固醇、骨質疏鬆、退化性關節炎、下背痛、後天性糖尿病，都與靜態生活有關，並統稱為「運動不足病」（Hypokinetic disease）。

最近香港運動醫學及科學學會更發現十個港人三個胖，過半數人每週的帶氧運動少於 90 分鐘。運動不足最終都會影響健康，增加醫療負擔，降低生活質素，然而只需適量運動及改善飲食習慣便可以輕易預防運動不足病。

可是，健身運動往往令人想起大型複雜的器材，不少人無從入手之餘更害怕受傷，因此望而卻步，更有人抱怨沒有時間，缺乏場地。其實捫心自問，最大的關口就是一個「懶」字。

認識 Czon 差不多十年，多年來只見她孜孜不倦的鑽研瑜伽及健身運動，從無間斷地遍訪名師學藝，更把運動融入生活當中，真誠坦率開朗的性格感染了不少人，並助他們重拾健康。

Czon 設計的運動新穎有趣，無需複雜器材，實用有效。在家中自行鍛鍊，沒有在健身房互相比併的壓力，更可與家人一起練習，締造健康和諧家庭，而非各自沉醉在電子世界。書中的飲食建議，健康美味，若能持之以恆，可助減低患上慢性病風險，改善體態，自信倍增。

藥物不會帶來健康，與其受傷患疾病所困後藥石亂投，四處尋醫，倒不如從今開始依從 Czon 的運動飲食計劃，改善身體狀況，甚至改變人生。我極力推薦 Czon 的《懶人表示：在家也能瘦》。

朱燦麟（Alain Chu）

攀山愛好者、註冊物理治療師
雪梨大學運動科學碩士

代序

要達成任何目標都必須有兩個條件：正確的思維和實際上的行動。

很多人沒有正確的思維但單純依靠意志，通常行動都不會長久，因此你看見有些人時胖時瘦，瘦了不消一會又打回原形。但如果思維正確，減肥不單不是長期作戰，而會是生活的習慣，將會變得輕而易舉！

假如你認識 Czon，你便會給她的一腔熱血所感動。她不止擁有完美身段，是電視上的健身教練，她更是完全投入「健康生活」這個模式，彷彿「健康」、「美麗」這兩個詞已刻在骨子裏。她對「健」與「美」充滿熱誠，決心令每一個人都「健」與「美」、每一個人都知道如何「健」與「美」，就是

推動她出版這本著作的強大動力。

看完這本書，你會發現要「健康」、「美麗」並沒有想像中困難，反而充滿樂趣。只要你肯踏出第一步，你也可以擁有 Czon 的健美人生。家中沒有健身器材？去健身室太遠？會籍太貴？這不會再是你不運動的理由！

馬上定下目標，給自己一個新的身份（一個健康美麗的人），要有信心可以做得到，決心活出健美人生，然後跟着這本書的方法運動——你必定可以成功！

盧尚斌（Derek Lo）
澳洲華人賽馬會副會長及行政總裁

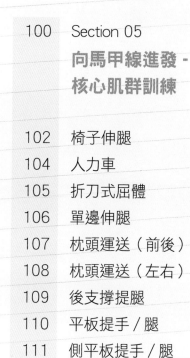

CH.01

家居變身健身房

五步曲

恭喜你！

翻到這一頁代表你已經踏出了擁有一個健康身體和完美體態的第一步！

請務必仔細閱讀本章的五步曲，因他們可以令你的運動和瘦身過程更安全、順暢和有樂趣！

STEP 01

學習如可使用懶人家居瘦身手冊

本手冊共分為六章，大家應該順序閱讀及學習：

chapter 01　家居變身健身房五步曲－開始運動前應該注意的事項和準備工作

chapter 02　訓練系列－學習每個動作的正確姿勢和技巧

chapter 03　訓練計劃編排－成為自己的私人健身教練！如何應用於第二章學會的訓練動作

chapter 04　簡單易學的六大飲食法則－教導大家如何既可以享受飲食，又可以達至目標！

chapter 05　六步助你邁向成功之路！－分享如何成功改造自己，讓自己變得更美更健康的心得！

chapter 06　Bonus for OL－常見不適的舒緩方法，特別為一眾 OL 而設的舒緩運動！

瞭解自己身體狀況

在開始運動之前，首先要確定自己身體狀況良好及注意以下事項：

① 若是你有心臟病、癲癇或其他重大健康問題，在運動前必須獲得醫生批准；

② 如果訓練當日有身體不適，例如感冒等，可暫停訓練至康復為止；

③ 受到酒精及藥物影響，都不適合訓練；

④ 訓練前 45 分鐘不宜進食；

⑤ 訓練期間經常補充水份；

⑥ 要循序漸進，並經常觀察自己身體反應，在訓練上作出適當調整；

⑦ 最後緊記如身體有任何不適，必須儘早向專業人仕求助！

打造活動空間

香港地少人多，普遍家居都沒有外國那樣寬敞，但這並不代表你不能在家中運動！這本書裏介紹的健身動作都只需有限的空間，只要按以下步驟整理一下就可以開始瘦身！

① 你需要最小的空間要求：是你躺在地上的時候，手腳向不同方向移動都不會踫到東西，如可能的話，確保你一米半直徑範圍內都沒有其他雜物；

② 確保環境安全 - 例如不要在門後面活動，或先把門上鎖；

③ 室內溫度應該維持於攝氏 23-25 度，並保持空氣流通；

④ 減少干擾 - 關掉電視、電腦，不要總是檢查手提電話；

⑤ 營造氣氛 - 運動時只開着令你充滿動力和能夠激發自己的音樂！同時確保光線充足，令你感覺精神而不是昏昏欲睡！

STEP 04

認識你的傢具健身器材

　　家裏很多不起眼的東西，其實略動腦筋和創造力便可用作健身用途！

椅子／窗台

地拖／晾衫竹

● 除地拖和晾衫竹，亦可使用電線喉管（可購於五金舖），長度以 1.3-1.5 米為佳。

● 椅子需要選擇一些穩固的，而椅腳設有防滑貼更為合適，亦應盡量靠向牆壁使用。
● 如果家中有窗台亦可以之代替。

毛巾

枕頭或咕唔並沒有特定要求，體積比較大和厚的為佳。

枕頭／咕唔

需要較長和較厚的浴巾或沙灘巾。

水樽

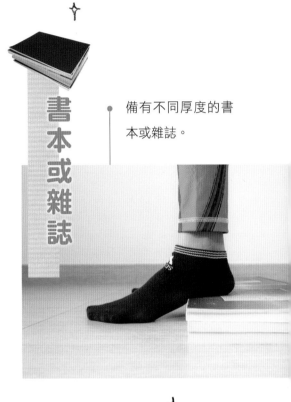

書本或雜誌

備有不同厚度的書本或雜誌。

水樽可利用蒸餾水膠樽，要注意的是使用時有機會掉到地上。如使用金屬水壺噪音會較大和有機會撞凹。

短襪

襪子並沒有特定要求，體積比較大和厚的為佳。

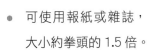

背心膠袋

廢紙球

- 可使用報紙或雜誌，大小約拳頭的 1.5 倍。

運動／瑜伽墊

不屬於傢具的器材但需要購買的

- 超級市場或便利店可買到的背心膠袋，容量不需要太大，但不可以有破損啊！

運動／瑜伽墊的選擇條件為表面有足夠摩擦力不會滑手，容易清潔及耐用的物料，並注意許多比較價廉的都會釋出塑膠味道，對身體健康會有不良影響。

STEP 05

揀選心愛的運動服

大家不要以為在家中做運動就不用穿着運動服！運動時的活動範圍，身體舒適度以至表現都和運動時所穿的衣服有很大關係！而穿着心儀的運動服更加可以令自己心情更佳，更能投入訓練！

運動時我多選擇穿着具排汗和快乾功能的背心，尺寸為較緊貼身體，可以減少活動時的障礙。熱身的時候我亦會穿着一件薄身的風褸，協助身體和肌肉溫度提升。

透氣和排汗快速是我首要的揀選要求，因為劇烈運動流汗會容易令下半身成為不適的重災區。我自己多會選擇緊身 Legging 或緊身短褲，讓自己雙腿有充份的活動範圍。

我會選擇具排汗和快乾功能的運動胸圍，而最緊要是能夠固定胸部位置，所以購買時必須要試上身感受一下。

運動鞋我會選擇重量較輕和有透氣功能的跑鞋，試穿時感受一下底部的承托和緩震是否足夠。注意尺碼必須合適，太大和太小都會影響足部健康。

CH·02

訓練系列

SEC.01
熱身運動

訓練原則和要點

熱身實際上是非常重要的環節，亦是最普遍被忽略的，許多人因時間關係，都會立刻跳到力量、心肺或柔軟性訓練。

現在我們的訓練都是在家中進行，已經可以省略了不少時間，大家應該沒有藉口不做熱身運動吧！

適當熱身運動可以：

- 讓全身各主要關節作好準備，並略為提升身體溫度；

- 減低受傷風險，增加活動時幅度，提升表現；

- 讓身體各系統（包括血液、心肺、神經等）準備之後較高強度訓練。

緊記所有熱身運動應該：

- 活動幅度由小到大；
- 速度由慢到快。

beware!

注意 1

習慣由上而下（頭到腳），可讓你更容易記得每個動作，不會遺漏。

beware!

注意 2

身體需要保持溫暖，尤其有冷氣地方，建議穿着外套或衛衣。

頸關節動作 ①

準備姿勢

① 頭、身、腳成一直線站立並保持放鬆，眼望前方；
② 雙腳盤骨闊度打開，腳趾向前；

③ 眼向上望，頭部會自然跟隨向
後移動；

④ 開始感到接近幅度的盡處，把
頭慢慢地帶回開始時位置；

⑤ 重複 ③ 及 ④，但眼分別向下，
左及右邊望，頭部跟隨移動；

⑥ 每個方向重複 5 次；

⑦ 一路保持呼吸，並每次逐漸增
加活動幅度。

頸關節
動作 ❷

ready...
準備姿勢

❶ 身體直立並保持放鬆，
　眼望前方；

❷ 雙腳盤骨闊度打開，腳
　趾向前；

動作

③ 放鬆頸部，讓頭部自然地向右側，
感覺耳朵越來越貼近肩部；

④ 開始感到接近幅度的盡處，把頭慢
慢地帶回開始時位置；

⑤ 重複 ③ 及 ④，但頭部向左邊側；

⑥ 每個方向重複 5 次；

⑦ 一路保持呼吸，並每次逐漸增加活
動幅度。

beware!

注意

整個動作眼都只
是望前方，以及
要避免聳肩。

肩關節
動作 ❶

A B

ready...
準備姿勢

① 頭、身、腳成一直線站立
　　並保持放鬆，眼望前方；

② 雙腳盤骨闊度打開，腳趾
　　向前；

action!
動作

③ 手臂伸直但保持放鬆，由前向後打圈；

④ 手臂指向上和下時，分別盡量貼近耳邊和大腿旁；

⑤ 手臂指向前和後時，兩邊手臂盡量貼近；

⑥ 向後和向前打圈各 10 次。

進階動作

　雙臂以反方向
（一前一後）打圈
10 次，這動作可增
強身體協調性。

肩關節 動作 ❷

props
道具

拖把 / 電線喉管

ready...
準備姿勢

① 頭、身、腳成一直線站立並保持放鬆，眼望前方；

② 雙腳盤骨闊度打開，腳趾向前；

③ 將拖把置於大腿前，手掌向後並握住拖把，雙手距離需要比肩闊；

action!
動作

④ 吸一口氣，呼氣時以直手把拖把帶至頭頂，再帶至頸後，如有困難可增加雙手距離；

⑤ 呼氣時以直手把喉管帶回大腿前；

⑥ 重複 ❹ 至 ❺ 5-10 次。

進階動作

① 把喉管帶至下腰；

② 或減少雙手距離。

肘和手腕

ready...
準備姿勢

1 頭、身、腳成一直線站立並保持放鬆，眼望前方；
2 雙腳盤骨闊度打開，腳趾向前；
3 上下手交叉並十指緊扣（先做右上左下）；

action!
動作

4 吸氣時曲手將手拉到自己胸前；
5 呼氣時手繼續向上拉然後向前蹬直，再還原到 3 的位置；
6 重複 5-10 次；
7 左右手上下對調，重複 3 至 5 5-10 次。

beware!

注意

如未能完全伸直
手臂，只需要伸
展到盡處便可。

脊椎
健康操
（前後活動）

ready...
準備姿勢

① 準備姿勢為 Cat Pose，開始時眼望地板，頭與身體保持成一直線；

② 雙腿盤骨闊度打開，腳可以放鬆在地面；

③ 雙臂肩膀闊度打開，手臂保持蹬直，手指向前；

action!
動作

④ 吸氣時頭向上昂，眼望前方，挺胸向前推，腹部向下沉；

⑤ 呼氣時頭向下沉，眼望大腿，手向地板推，彎曲背部並向上推，注意手臂保持蹬直；

⑥ 重複 ④ 至 ⑤ 5-10 次，並每次逐漸增加活動幅度。

beware!

注意

如膝部有不適可
摺疊毛巾並置於
膝下。

脊椎健康操
（左右活動）

props
道具

拖把 / 電線喉管

ready...
準備姿勢

① 頭、身、腳成一直線站立並保持放鬆，眼望前方；

② 雙腳盤骨闊度打開，腳趾向前；

③ 將喉管置於頸後，手掌向前並握住拖把；

動作

④ 吸一口氣，呼氣時身體向右側，右手手肘盡量貼緊腰側；

⑤ 吸氣並返回準備姿勢；

⑥ 呼氣時身體向左側，左手手肘盡量貼緊腰側；

⑦ 重複④⑤⑥ 5-10 次，並每次逐漸增加活動幅度。

beware!

注意

身體一路需要保持挺直，眼望前方。

脊椎健康操 〔旋轉活動〕

props 道具

拖把 / 電線喉管

ready... 準備姿勢

① 頭、身、腳成一直線站立並保持放鬆，眼望前方；
② 雙腳盤骨闊度打開，腳趾向前，膝關節微曲；
③ 將喉管置於頸後，手掌向前並握住喉管；

④ 吸一口氣，呼氣，頭一路向右望，上
身會自然跟從旋轉；

⑤ 到盡頭時吸氣並返回準備姿勢；

⑥ 呼氣，頭一路向左望，上身自然跟從
旋轉，到盡頭吸氣並返回準備姿勢；

⑦ 重複④⑤⑥ 5-10 次，每次逐漸增
加活動幅度。

beware!

注意

身體一路需要
保持挺直。

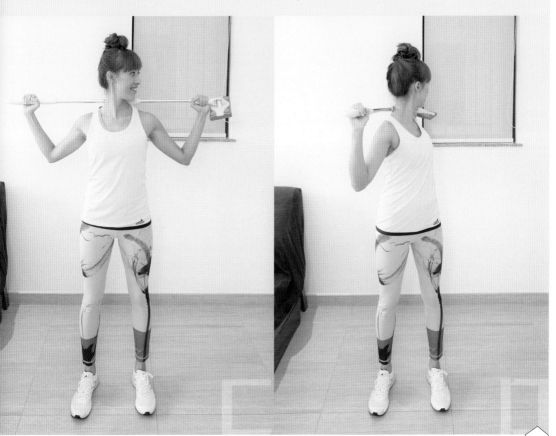

髖關節

ready...
準備姿勢

① 頭、身、腳成一直線站立並保持放鬆，眼望前方；

② 雙腳拍齊，腳趾向前；

③ 右腳提起至髖關節高度，膝關節成 90 度；

④ 想像以膝蓋作筆尖並以順時針方向 畫圓圈，重複 5-10 次；

⑤ 以逆時針方向畫圓圈，重複 5-10 次；

⑥ 轉換為左腳並重複 ③④⑤。

盡量收腹並保持身體挺直及平衡！

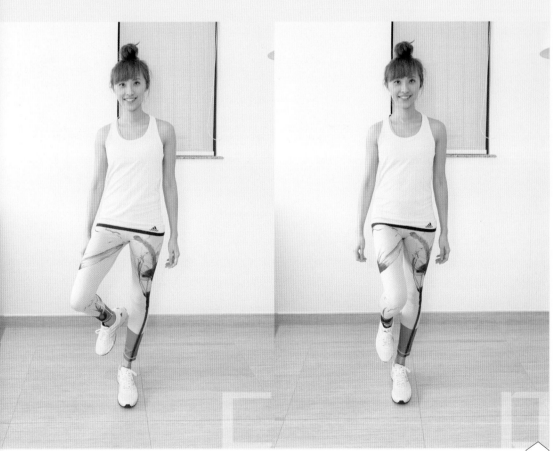

膝及踝關節

ready...
準備姿勢

① 頭、身、腳成一直線站立並保持放鬆，眼望前方，手叉腰；

② 雙腳盤骨闊度打開，腳趾向前；

action!
動作

③ 吸氣將右腳盡量踏後；

④ 左腳彎曲至 90 度，右腳向下踩，盡量將腳板平放於地面；

⑤ 呼氣並回復至準備姿勢；

⑥ 轉腳並重複動作；

⑦ 重複 ③④⑤⑥ 5-10 次，每次逐漸增加活動幅度。

beware!

注意

如膝部有不適
可彎曲至較少
幅度。

SEC.02
優美的動態
身體移動技能

訓練原則和要點

作為女生我想大家都希望能夠一舉手一投足都優美自如，但當我們的關節活動範圍，或身體協調能力並不是處於最理想的水平，身體活動和姿勢也會變得「論盡」和缺乏優美感。嘗試留意和觀察一下，當我們欣賞舞蹈或體操時，優秀的運動員或藝術家的身體和動作都是充滿曲線的，而一個缺乏身體移動技能和自由度的人，身體和動作則會有許多「起角」的地方。

那如何可以重拾這些身體移動技能和自由度呢？本節將會教授大家數個簡單易學的人類基本技能動作，讓大家可以令身體更靈活，亦可使日常活動變得更輕盈。

進行本節訓練時：

① 務求以標準姿勢完成動作為主要目標；

② 不需要注重訓練那一組肌肉或那一個地方有伸展感覺；

③ 注意保持正常呼吸；

④ 可以手機拍下動作供日後作對比！

坐、立

　　從坐在地上到站立是我們人生其中一個最早學習的動作，很多人當習慣坐在椅子上，便開始失去這能力。這個動作是我教學時必定會做的動作，能夠掌握這個動作不但會令你活動更靈活自如，更可於不同的日常生活中應用得到！

action!
動作

① 自然地坐在地上；

② 把左腳腳踭盡量放近臀部；

③ 右腳放在正前方，膝蓋指向天；

④ 先將身體重心移向右邊，右腳屈膝再將身體重心向前傾，讓臀部坐在左邊腳踭上；

⑤ 左腳腳趾屈曲，雙腿用力並站起；

⑥ 重複①②③④⑤左右腳交替各3次。

beware!

注意 ❶

初學者可先坐在低橙或坐墊上嘗試，或用手支撐。

beware!

注意 ❷

利用身體重心來移動，使動作變得更容易。

深蹲

深蹲實際上是人類一個休息的位置，同樣地當我們習慣坐在椅子上，許多人便開始失去這能力。大家可以留意一些發展中國家或生活較簡單的土著部落的人們，都會以深蹲來休息或工作，而且都活動自如！

理想的深蹲位置是背部保持挺直，腳趾和膝蓋指向前或同一方向，雙腳平放地面。未能達到理想的深蹲位置主要是多個關節缺乏靈活度和相關肌肉缺乏柔韌性。大家可看看身邊的幼兒，他們都有最完美的深蹲！

很多人深蹲時會出現膝關節痛的情況，這不是深蹲動作構成膝關節痛，而是身體本身的問題——缺乏靈活度和柔韌性而令到我們喪失深蹲的能力！

action!

動作

1. 把書本／雜誌放在腳掌後半部；
2. 確保背部保持挺直，腳趾和膝蓋指向前或同一方向；
3. 往下蹲，於最底部停留 30 秒至 2 分鐘；

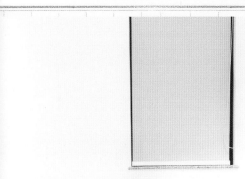

進階動作

　　如果能夠輕鬆深蹲的話,可於深蹲位置做不同動作,例如向前後左右移動,或伸手往不同方向拾取襪子。

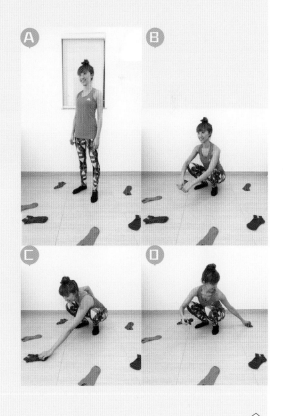

④ 如未能達到 ② 的要求,把書本／雜誌的厚度增加;

⑤ 如能達到所有要求,可把書本／雜誌的厚度減少,直至雙腳可以平放於地面。

拾襪子

把動作故意放慢是一個可以增加自己對身體移動認知的一個好方法，從緩慢的動作，嘗試感覺哪一些部位比較放鬆或緊張，哪一些活動範圍比較流暢或笨拙。

props
道具

6-10 隻襪子

action!
動作

① 把襪子散在地下；

② 以緩慢而流暢的動作，俯下身體把襪子拾起來；

③ 每次拾起襪子後都需要回復到完全直立的位置；

④ 一路記得保持呼吸；

⑤ 可重複 3 次。

俯下身體時盡量
保持雙腳蹬直。

三腳架支撐

三腳架支撐可以訓練身體平衡力和協調，也是一個非常實用的動作（例如跨過障礙物），以及作為一些進階動作的基本功。

ready...
準備姿勢

① 以左手和右腳支撐身體，右手和左腳離地，身體保持放鬆並保持平衡；

action!
動作

② 左腳盡量往後伸展，把頭部移向前以保持平衡；

③ 到盡頭時，倒轉方向，將左腳蹬直向前，把身體重心移向後以保持平衡；

④ 重複 ②③ 5次，換邊再重複 5次。

Over / Under

Over/ Under 讓你的身體固定在有限的空間移動，可加強對身體移動的控制。做這個動作時，目標為增加流暢度、可以連貫地完成動作及減少每步驟間的停頓時間。

props
道具

拖把 / 電線喉管、椅子

action!
動作——Over

① 把拖把放在大概膝關節的高度，並站在其中一邊；

② 注意整個動作身體是不可觸及拖把的；

③ 提起較近拖把的腿，並跨過喉管；

④ 當前腿穩定踏在地面，把身體重心移到喉管的另一邊；

⑤ 提起後腿，並跨過喉管；

⑥ 重複 ② 至 ⑤，左右交替各5次。

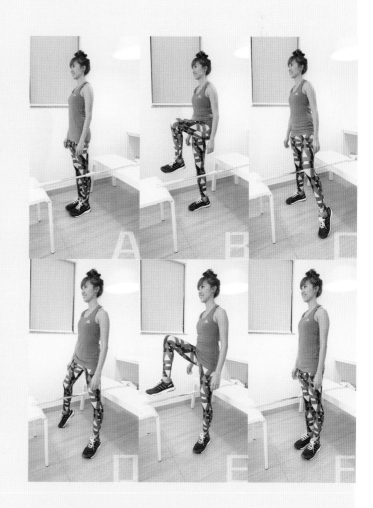

action!

動作——Under

① 把拖把放在大概腰的高度，並站在其中一邊；

② 稍微蹲下，並同時將前腿延伸至拖把另一邊；

③ 盡量保持背部挺直，於拖把下穿過至另一邊，並同時蹬直後腿；

④ 當身體已經在喉管另一邊，把後腿收回，並同時站立；

⑤ 重複 ② 至 ④，左右交替各 5 次。

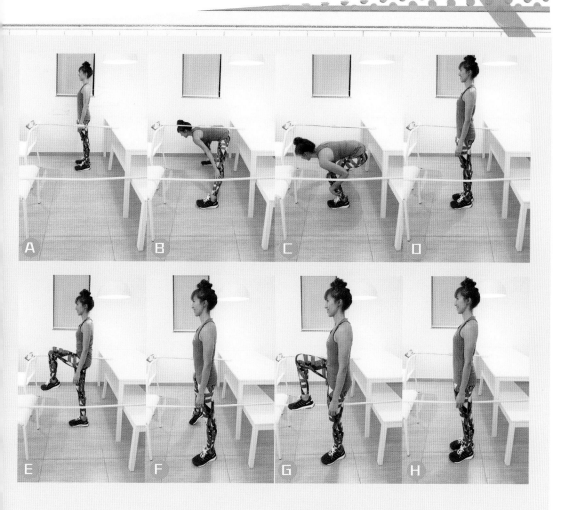

進階動作

可透過以下將動作難度提升：

1. Over 時把喉管位置提高；
2. Under 時把喉管位置降低；
3. 同時用兩支或以上拖把，連貫
   地進行不同動作組合。

四肢爬行是我們嬰兒時學習站立、走路前必須學習的動作，就像英文的 ABC。重溫四肢爬行動作可更新我們的活動基礎、身體靈活性，以及大腦與四肢的協調。

ready! 準備姿勢

① 準備姿勢為 Cat Pose，開始時眼望前方地板，頭與身體保持成一直線；

② 雙腿盤骨闊度打開，大腿與地板成 90 度角，小腿可以放鬆在地面；

③ 雙臂肩膀闊度打開，手臂保持蹬直，手指向前；

action! 動作

④ 雙膝離開地板；

⑤ 右手和左腳往前移動，大約兩個手掌位；

⑥ 右手和左腳着地後，左手和右腳往前移動，大約兩個手掌位；

⑦ 重複交替，一路向前移動 30 秒至 1 分鐘；

⑧ 途中需要保持身體穩定，避免左右搖動或把臀部升起。

beware!

注意

有一些朋友會不自覺地以右手右腳／左手左腳的模式移動，記得要糾正才繼續！就像我們走路都不會是右手右腳或左手左腳同時向前的！

props
道具

水樽

advanced>
進階動作

可透過以下將動作難度提升：

❶ 把水樽置於下背（水樽橫向）或中背（水樽縱向），移動時水樽不可掉下。這可將左右搖動減少，強化負責穩定性的肌肉；

❷ 如果需要再加強難度，可把水樽注水至約 1/4 容量。 移動時水的流動對穩定性有更大挑戰！

SEC.03
擁有比堅尼身形
- 上身訓練

訓練原則和要點

上身訓練主要目標為：

① 改善上身各部位線條，例如大家最關心的拜拜肉，等大家夏天着背心會更好睇！

② 加強上身力量，有助參與其他運動，包括瑜伽、普拉提或其他體適能訓練如 TRX 等等；

③ 提高新陳代謝率，幫助脂肪燃燒！

　　訓練時動作必須標準並留意細節，因為錯誤或借力不但會令動作效果減弱，更會有受傷風險！最後緊記循序漸進！

直手前支撐

直手前支撐是一個非常重要的基礎動作，對很多瑜伽、普拉提、健身（如掌上壓）等有直接幫助，這動作以訓練肌肉靜止耐力為目標，參與部位包括肩膀、三頭肌、胸肌、核心肌群、四頭肌等。

action!

動作

1. 雙臂肩膀闊度打開，雙臂蹬直並須與地板成為 90 度；
2. 後腦、上背、臀部及腳踭應該保持成一直線，雙腿蹬直；
3. 保持核心肌群收緊，不可讓下背塌下；
4. 保持自然呼吸；
5. 保持姿勢 15 秒至 1 分鐘為一組，重複 3 至 5 組。

掌上壓

掌上壓為一個最基本的上身訓練動作,主要鍛鍊胸部、三頭肌及核心肌群等。

ready...
準備姿勢

① 雙臂肩膀闊度打開,雙臂蹬直並須與地板成為 90 度;

② 後腦、上背、臀部及腳踭應該保持成一直線,雙腿蹬直;

③ 保持核心肌群收緊,不可讓下背塌下。

action!
動作

④ 吸氣時手臂彎曲至 90 度;

⑤ 呼氣時手臂蹬直把身體向上推至準備姿勢;

⑥ 重複 8-12 次為一組,重複 3 組。

easy-
簡易版

　　初學者或未能以標準姿勢完成掌
上壓的朋友，可使用道具提高手臂支
撐點，例如椅子、窗台、甚至牆壁。
支撐點越高，動作越容易，但緊記支
撐點必須穩固！

props
道具

椅子、窗台、牆壁

beware!

注意 ①

必須確保椅子堅
固穩定,椅背可
以靠牆更佳。

beware!

注意 ②

如有手腕不適
可改為抓緊椅
子兩旁。

打字機掌上壓

　　打字機掌上壓為較進階動作，對上身穩定性肌肉及核心肌群參與的需求也較大。

props
道具

毛巾、瑜伽墊

ready...
準備姿勢

① 準備姿勢為 Cat Pose，開始時眼望地板，雙臂蹬直，頭與身體保持成一直線；

② 雙膝下面可放瑜伽墊以作保護，毛巾則放於左手手掌下。

ready...
動作

③ 吸氣時左手連同毛巾慢慢地向外推，
右手保持原位；

④ 左手往外移動的同時，雙臂亦開始
彎曲，胸部逐漸接近地面；

⑤ 手肘成 90 度時，左手向反方向移
動，雙臂亦開始蹬直，回復至準備
姿勢；

⑥ 重複 8-12 次為一組，左右手兩邊交
替各兩組，共 4 組。

椅子支撐臂屈伸

椅子支撐臂屈伸的動作把訓練集中在三頭肌（即「Bye Bye 肉」），能有效改善手臂線條。

props
道具 ▸ 椅子、窗台

ready...
準備姿勢

① 身體保持垂直，眼望前；

② 臀部與椅子（或窗台）貼近，手肘蹬直；

③ 膝關節成 90 度，雙腳平放地面，重量左右平均分佈。

action!
動作

④ 吸氣並把手肘彎曲至 90 度以下；

⑤ 身體保持垂直，並以直線向下移，保持臀部與椅子距離，並保持雙腳平放地面；

⑥ 呼氣並用力把手肘蹬直，回復至開始位置。

⑦ 重複 8-12 次為一組，重複 3 組。

advanced>
進階動作

可透過雙腿蹬直
將動作難度提升 - 雙
腿蹬直而膝關節不用
屈曲成 90 度。

beware!
注意 ①

必須確保椅子堅
固穩定,椅背可
以靠牆更佳。

beware!
注意 ②

如有手腕不適
可改為抓緊椅
子兩旁。

頭後臂屈伸

頭後臂屈伸是另一個有效改善「Bye Bye 肉」的動作。

props
道具 ▸ 毛巾

ready...
準備姿勢

① 頭、身、腳成一直線站立並保持
放鬆，眼望前方；

② 雙腳盤骨闊度打開，腳趾向前；

③ 右手握住毛巾一端，並置於頸後；
左手則從下背握住毛巾中端。

action!
動作

④ 吸一口氣，呼氣時右手用力向上
拉，而左手則用力向下拉；

⑤ 保持呼吸，並抗衡 20-60 秒為一
組，左右手兩邊交替各兩組，共
4 組。

直手後支撐

跟直手前支撐一樣，後支撐亦是一個非常重要的基礎動作，以訓練肌肉靜止耐力為目標，參與部位包括肩膀、背肌群、臀部及核心肌群等。

action!
動作

① 坐在地上雙臂蹬直，肩膀闊度打開，手指對着腳踭，膝關節成 90 度，雙腳平放；

② 臀部及大腿用力，讓臀部離開地面；

③ 膝蓋至肩膀成一直線，保持姿勢 15 秒至 1 分鐘為一組，重複 3 組，保持自然呼吸。

props
道具 ▸ 椅子、窗台

advanced>
進階動作

① 如果想增加難度，可把雙腳放
在椅子或窗台上，並把腿蹬直；
② 必須確保椅子堅固穩定，椅背
可以靠牆更佳。

beware!
注意

部份朋友可能會
有感到手腕不適，如有
這情況出現可手腕扭動（手
指指向不同方向）至舒
適位置。

拉毛巾

拉毛巾動作集中訓練上背肌肉，而且能夠幫助改善寒背及頭部前傾等不良姿勢，並同樣以訓練肌肉耐力為目標。

props
道具 ▸ 毛巾

ready...
準備姿勢

① 頭、身、腳成一直線站立並保持放鬆，眼望前方；

② 雙腳盤骨闊度打開，腳趾向前；

③ 兩手握住毛巾兩端，置於肩膀高度。

action!
動作

④ 吸一口氣，呼氣時左右手各向外拉，手肘向後（想像試圖利用上背肌肉夾緊一枝筆）；

⑤ 保持呼吸，維持力量抗衡20-60秒為一組，重複3組。

燕式跳水

燕式跳水主要訓練背肌及臀部，尤其下背及肩胛骨附近肌肉，而同一時間亦能有效改善肩關節靈活度。

props
道具 ▸ 毛巾

ready...
準備姿勢

① 面向下伏在地上，雙手握住毛巾兩端，並同時把毛巾拉直；

action!
動作

② 呼氣時頭部，手臂及雙腳離地；

③ 吸氣時手臂一路向後拉直至毛巾接觸到臀部（或自己個人的盡處）；

④ 呼氣並慢慢地回復至步驟 ② 的位置；

⑤ 重複 8-12 次為一組，重複 3 組。

背部下拉從另一個活動角度訓練背部肌肉，有助日後學習引體上升或攀爬等動作。

props
道具 ▶ 毛巾

action!
動作

ready...
準備姿勢

① 面向下伏在地上，雙手握住毛巾兩端，並同時把毛巾拉直；

② 呼氣時頭部，手臂及雙腳離地；

③ 吸一口氣，呼氣時手臂一路向後拉（手肘指向腳），讓毛巾經過頭的後方至個人的盡處；

④ 吸氣並慢慢地回復至步驟 ② 的位置；

⑤ 重複 8-12 次為一組，重複 3 組。

SEC.04
翹臀不粗腿
- 下身訓練

訓練原則和要點

不論男女，都容易忽視下半身訓練，有許多女生害怕訓練雙腿，怕練得太粗壯，但其實訓練方法正確及得宜，絕對可以翹臀不粗腿！

本節的訓練目標為：

1. 改善雙腿線條，讓大家都可以有自信地穿短褲短裙！
2. 練出現在十分流行的豐滿蜜桃臀；
3. 動作會保持高重複次數，着重塑造線條而避免把腿練得粗壯！
4. 增強下半身肌力以輔助其他運動。

最後要注意的事情為如訓練時膝蓋、下背等感到不適，應該立刻終止動作並向專業人仕求助。

深蹲

我們在章節 2、3 已經討論過深蹲的重要性，以及進行過一些簡單的動作。深蹲動作除了有實用性外，亦是一個非常全面，能夠強化下半身及塑造線條的訓練動作。

ready 準備

準備姿勢

1. 頭、身、腳成一直線站立並保持放鬆，眼望前方；
2. 雙腳盤骨闊度打開，腳趾向前；

動作

③ 提起雙手並指向前方，確保背
　部保持挺直，腳趾和膝蓋指向
　前或同一方向；

④ 吸氣往下蹲至最底部，但全程
　整個腳板需要保持與地面接觸；

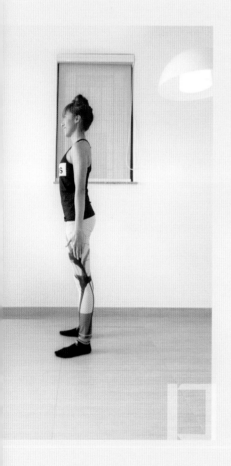

⑤ 如未能達到 ④ 的要求，把書本
　/雜誌放在腳掌後半部；

⑥ 呼氣時雙腳用力推向地下，直
　至完全站立；

⑦ 重複步驟 ③ 至 ⑥ 12-16 次為
　一組，共3組。

advanced>
進階動作

　　如想將難度提升，可利用物件（如一堆雜誌）進行負重深蹲。練習動作除可訓練到腿部肌肉，亦可強化腰部，減少日常受傷機會，如在辦公室從地上拾起重物（如一箱影印紙）等。注意使用的物件需要由輕到重，循序漸進，必須能夠完成3組16次才可以增加重量。最後緊記整個動作需要保持背部挺直。

相撲式深蹲橫行

① 頭、身、腳成一直線站立並保持放鬆，眼望前方；

② 雙腳打開，闊於雙肩寬度，腳趾分別指向兩點及十點方向；

action!
動作

③ 向下蹲至大腿成水平位置，膝蓋與腳趾須指向同一方向；

④ 一路保持臀部高度並保持呼吸，右腳掌及左腳掌交替向左移步；

⑤ 移動 30-60 秒為一組，向左及右移動各兩組，共 4 組。

深蹲行走

同樣以深蹲位置進行不同方向的移動，以訓練下半身肌耐力及改善髖關節靈活度。

ready...
準備姿勢

① 深蹲位置 ❶ 至 ❹ （可參考 P.086）；

② 未能夠於深蹲位置將腳掌平放於地面的朋友，可保持腳踭離地。

action!
動作

③ 把右膝蓋向地下方向沉下，同時身體重心向右移；

④ 把左腿提起並往前踏一步，着地後把左膝蓋向下沉及把重心左移；

⑤ 右腿提起並往前踏一步；

⑥ 重複步驟 ③ 至 ⑤ 16-20 次為一組，重複 3 組。

滑行式後跨步

後跨步動作能夠同時訓練多組腿部和臀部肌肉，加入滑行元素可挑戰身體協調和控制能力。

① 頭、身、腳成一直線站立並保持放鬆，眼望前方；
② 右腳踩在毛巾上，雙手叉腰。

action!
動作

③ 吸氣時右腳保持伸直並往後滑行，左腳隨之開始彎曲，讓身體往下移；
④ 到達盡處時呼氣，把右腳拉回開始時的位置；
⑤ 重複步驟 ③ 至 ④ 8-10 次為一組，左右交替各兩組，共 4 組。

beware!
注意

整個動作需要將身體重心保持於雙腳之間，並須確保前膝蓋位置不可超越腳趾。

訓練系列 04 —— 翹臀不粗腿：下身訓練

滑行式跨馬蹲

　　跟滑行式後跨步一樣，滑行式跨馬蹲以毛巾滑行增加身體協調和控制能力。跨馬蹲較集中前大腿和腿內側訓練。

props 道具
毛巾、椅子

ready... 準備姿勢

① 頭、身、腳成一直線站立並保持放鬆，眼望前方；
② 左腳踩在毛巾上，腳趾可微向外指。

action! 動作

③ 吸氣時左腳向外伸延，腳板保持緊貼地面，右腳同時開始彎曲，身體往下蹲；
④ 直到右膝關節成 90 度，呼氣並把左腳拉回開始位置，右腳同時伸直，直到身體回復到準備姿勢；
⑤ 重複步驟 ③ 至 ④ 10-12 次為一組，左右交替各兩組，共 4 組。

easy

簡易版

可手扶椅背以保持
平衡，但需要確保椅子
穩定。

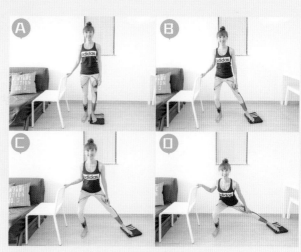

單腿臀外展

基本的臀部訓練動作，同時鍛鍊平衡力和核心肌群。

props
道具

毛巾、椅子

ready...
準備姿勢

① 頭、身、腳成一直線站立並保持放鬆，眼望前方，身體靠近椅背；

② 雙腳盤骨闊度打開，腳趾向前；

動作

③ 吸氣提起右腳，直至
腳踝高於椅背，身體
重心向左移；

④ 呼氣時把右腳跨過
椅背，再吸氣把右腳
跨過椅背收回；

⑤ 重複步驟 ③-④
10-12 次 為 一 組，
左右腳交替各兩組，
共 4 組。

簡易版

可利用較低的障礙物，如椅
子另一邊或窗台等。

進階動作

提腿及跨過障礙
物時可以保持腿部完
成伸直。

橋式

橋式是其中一個訓練臀部最常用及最有效的動作。這動作比較簡單及容易掌握。

props

道具▶ 椅子

ready...

準備姿勢

① 躺在地上，眼望天花板，雙手放鬆放在身旁，腳放在椅子上；

② 臀部用力收緊並把雙腿蹬直，身體由肩膀到腳成一直線。

action!

動作

③ 右腳離開椅子，保持伸直並指向天花板；

④ 吸氣時把臀部稍為放鬆，並讓它盡量接近地面（或完全接觸地面）；

⑤ 呼氣時把臀部收緊，身體由肩膀到腳再次成一直線；

⑥ 重複步驟 ④ 至 ⑤ 12-16 次為一組，左右腳交替各兩組，共 4 組。

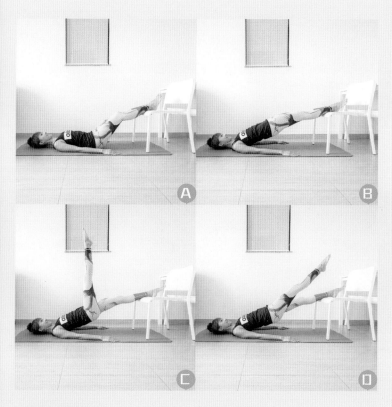

beware!

注意 ❶

必須確保椅子堅
固穩定，椅背可
以靠牆更佳。

advanced>
進階動作

① 準備姿勢與之前動作相同。

action!
動作

② 右腳離開椅子，保持伸直
並指向天花板；

③ 吸氣時保持直腳，並讓它
盡量接近椅子；

④ 呼氣時保持直腳，並再次
指向天花板；

⑤ 身體由肩膀到腳需一路保
持直線；

⑥ 重複步驟 ③ 至 ④ 10-12
次為一組，左右腳交替各
兩組，共4組。

後提腿

後提腿可訓練後腿肌肉及臀部，更可改善後腿柔軟度。對喜愛跑步的女生這動作特別有用，因跑步容易導致大腿前後肌肉強度不平衡，後腿肌肉訓練可減少受傷機會。

props
道具

椅子、襪子

ready...
準備姿勢

① 頭、身、腳成一直線站立並保持放鬆，眼望前方；

② 雙腳盤骨闊度打開，腳趾向前；

action!
動作

③ 吸氣並提起左腳，身體逐漸向前傾，雙手向椅子方向延伸；

④ 一路盡量保持肩膀至腳成一直線，眼望前方，直到雙手接觸到椅子，而左腳成水平線；

⑤ 呼氣並慢慢地回復至準備姿勢；

⑥ 重複步驟 ③ 至 ⑤ 10-12 次為一組，左右腳交替各兩組，共 4 組。

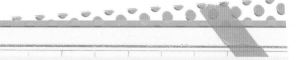

advanced>

進階動作

　　如想將難度提升，可放置襪子在地上，以相同動作每次把襪子拾起和放下。這進階動作對體平衡力，核心參與及後腿柔軟度會有更大挑戰。

SEC.05

向馬甲線進發
－核心肌群訓練

訓練原則和要點

核心訓練（Core Training）相信
大家都不會陌生。我們會以不同道具
及活動較多的動作來增加趣味和難
度。

核心肌群實際上包括腹部、背
部和骨盆部位肌肉，主要負責穩定的
功能，而訓練通常會涵蓋表層至深層
肌肉。

本節的訓練目標為：

① 改善腹部線條，讓大家都向擁有
馬甲線之路進發！
② 擁有強大的核心肌群，令參與其
他運動時更得心應手；
③ 日常生活讓核心肌群充份保護脊
柱，和保持最理想姿勢。

訓練核心最需要注意的是腹部
肌肉，需要持續收縮，如下背感到不
適就應該立刻終止動作。

椅子伸腿

這動作除訓練核心肌群外，亦可加強下肢控制和協調。

props
道具 ▸ 椅子

ready...
準備姿勢

① 坐在地上，雙手放在身後作支撐，眼望前；
② 身體重心稍微向後移，屈膝令雙腳離開地面。

action!
動作

③ 吸一口氣，呼氣時雙腿慢慢地伸展至座椅下；
④ 吸氣並再次屈膝；
⑤ 呼氣時雙腿慢慢地伸展至座椅上；
⑥ 吸氣並屈膝；
⑦ 重複步驟 ③ 至 ⑥ 4-6 次為一組，重複 3 組。

easy
進階版

如想將難度提升，
可於雙腿伸展時完全蹬
直，並保持 2-3 秒。

訓練系列 0 5 —— 向馬甲線進發：核心肌群訓練 | 103 |

人力車

除核心肌群外，這動作也可訓練上身力量，和讓我們感受在身體移動時對核心肌群參與的感覺、認知和控制。

props
道具 ▶ 毛巾

ready...
準備姿勢

① 直手前支撐（可參考 P.070），雙腳踩在毛巾上。

action!
動作

② 保持手臂蹬直，左右交替向前爬行；

③ 核心肌群，臀部及腿部必須一直保持收緊，不可讓下背下塌；

④ 爬行 30-60 秒次為一組，重複 3 組。

折刀式屈體

折刀式屈體是平板支撐的進階動作，腿部的活動可加強不穩定性，增加對核心肌群的刺激。

props
道具 ▶ 毛巾

ready...
準備姿勢

① 直手前支撐，雙腳踩在毛巾上。

action!
動作

② 保持手臂蹬直，吸一口氣，呼氣時把膝部盡量收至胸部；

③ 吸氣並把腿伸直，回復至準備姿勢；

④ 重複步驟 ② 至 ③10-12 次為一組，重複 3 組。

advanced>
進階動作

ready...
準備姿勢

① 直手前支撐，雙腳踩在毛巾上。

action!
動作

② 保持手臂蹬直，吸一口氣，呼氣時把腳掌盡量拉近頭部，腿保持蹬直；

③ 吸氣並保持蹬直，回復至準備姿勢；

④ 重複步驟 ② 至 ③10-12 次為一組，重複 3 組。

單邊伸腿

單邊伸腿以平衡身體來訓練核心肌群和腳部穩定性肌肉，亦對其他有單腿支撐需要的動作和運動有幫助。

props
道具 ▸ 毛巾

注意 beware!
初學者可靠近牆壁練習，並以不需握毛巾的手間斷地接觸牆壁以作輔助平衡。

ready...
準備姿勢

① 頭、身、腳成一直線站立並保持放鬆，眼望前方；
② 雙腳拍齊，腳趾指前；
③ 左右手分別握住毛巾兩端，把左腳掌穩定地置於毛巾中間部份；
④ 穩定腳掌後，用左手握住毛巾兩端，右手可放鬆。

action!
動作

⑤ 吸一口氣，呼氣時把左腿盡量向前伸展；
⑥ 再吸一口氣，呼氣時把左腿向外盡量展開；
⑦ 保持呼吸，維持姿勢 30-60 秒為一組，左右腳兩邊交替各兩組，共 4 組。

枕頭運送（前後）

以遊戲形式訓練核心肌群，動作和原理跟進階折刀式屈體相似。

注意

下背一直緊貼地面。

props
道具 ▸ 咕𠱸

ready
準備姿勢

① 躺在地上，雙手拿着咕𠱸；

② 雙腿蹬直並離開地面，雙臂伸直把咕𠱸置於頭頂上，頭部上背離開地面。

action!
動作

③ 吸一口氣，呼氣時提起雙腿和雙手，同時移近對方，並於髖關節附近交接咕𠱸；

④ 吸氣並把雙腿和雙手放下，回到準備姿勢；

⑤ 重複步驟 ③ 至 ④10-12 次為一組，重複 3 組。

枕頭運送（左右）

左右枕頭運送包含脊柱旋轉的動作，有效地增加腹內外斜肌的參與。

props 道具 ▸ 咕𠱸

ready... 準備姿勢

① 坐在地上，手握咕𠱸，屈膝並把腳掌平放地面；

② 把重心稍微向後移，直至感覺到核心肌群參與並保持平衡。

action! 動作

③ 吸一口氣，呼氣時向左望，身體跟從扭動至左邊，並同時把咕𠱸移到身體左邊；

④ 吸一口氣，返回中間，呼氣時向反方向（右邊）重複步驟 ③；

⑤ 重複步驟 ③ 至 ④，12-16 次為一組，重複 3 組。

advance> 進階動作

如想將難度提升，可於動作時提起雙腳，你將會感到核心肌群的參與更為強烈。

後支撐提腿

利用之前學過的直手後支撐動作，加入提腿動作，減少支撐點以減低穩定性，從而訓練核心肌群。

ready 準備

準備姿勢

直手後支撐（可參考 P.079）。

action!

動作

1. 吸一口氣，呼氣時提起右腳，直至大腿與髖關節成直角，膝關節可保持成 90 度；

2. 保持呼吸，維持動作 20-60 秒為一組，左右邊交替各兩組，共 4 組。

advance> 進階

進階動作

提腿時把腿蹬直。

平板
提手 / 腿

平板支撐相信大家已經非常熟悉，加入提手及提腿能夠增加動作不穩定性，從而提高對核心肌肉的挑戰。

ready...
準備姿勢

① 準備姿勢為 Cat Pose，開始時眼望地板，頭與身體保持成一直線；

② 雙腿盤骨闊度打開，腳可以放鬆在地面；

③ 雙臂膀頭闊度打開，手臂保持登直，手指向前；

action!
動作

④ 吸一口氣，呼氣時把右手及左腳提起至臀部高度，並一路保持呼吸；

⑤ 維持動作 20-60 秒為一組，左右邊交替各兩組，共 4 組。

advance>
進階動作

如想將難度提升，準備姿勢可改為直手前支撐。

側平板 提手 / 腿

與之前平板提手 / 腿一樣，將側平板加入提手及提腿動作以增加核心訓練。

準備姿勢

動作

① 側身坐在地上，以左手垂直支撐地面，讓臀部離開地面，雙腿伸直，右腳掌前 / 左腳掌後放在地面。

② 吸一口氣，呼氣時把右手向上提並指向天花板；

③ 吸一口氣，呼氣時把右腳提起，整個人形成「大」字形；

④ 維持動作 20-60 秒為一組，左右邊交替各兩組，共 4 組。

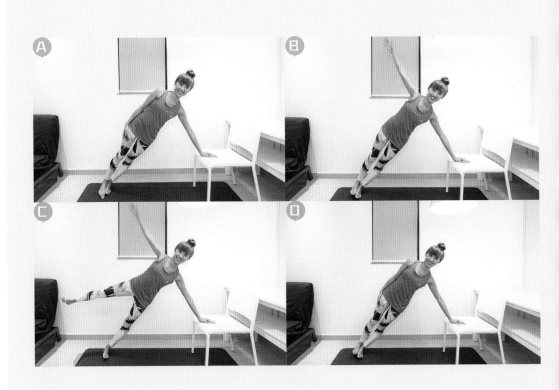

props

道具 椅子

easy

簡易版

可把手的支撐點升高，如放在椅或窗台上，但必須確保椅子堅固穩定，椅背可以靠牆更佳。

側平板扭腹

以側平板提手為基礎，再加入一個扭腹的動作，集中側腹的訓練。

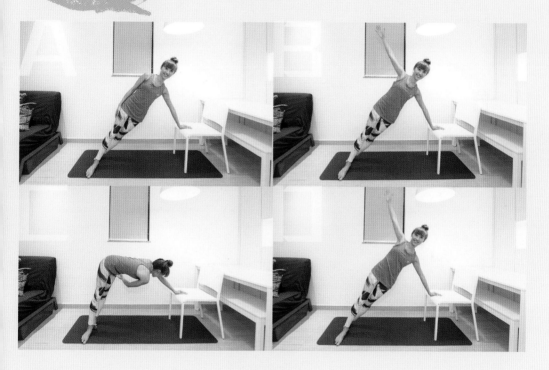

ready...
準備姿勢

① 側平板提手位簡
易版的準備姿勢
（P.112）。

action!
動作

② 把右手向上提，並指向天花板；

③ 呼氣時右手穿左手手臂和雙腳中間，並盡量向身
體後伸延；

④ 吸氣時返回準備姿勢，並把右手向上提；

⑤ 重複步驟 ③ 至 ④ 12-16 次為一組，左右交替各
兩組，共 4 組。

SEC.06
同脂肪講
Bye Bye!
－燒脂瘦身操

訓練原則和要點

　　想擺脫多餘脂肪，很多朋友都會選擇跑步機、單車機或到戶外緩步跑等等，如果留在家中又可以有什麼選擇呢？ 今節會教大家一些可以運用到全身肌肉，簡單而又多變化的動作去燒脂肪瘦身！最重要的是 10-15 分鐘就可以達到效果！

本節的訓練目標為：

1. 加速新陳代謝和燃燒卡路里；
2. 減退脂肪，讓身體線條更明顯；
3. 改善心肺功能；
4. 增強基礎體能，以輔助其他運動。

　　燒脂操訓練的編排及應用將在第三章提及，本節將集中學習動作技巧。

手打膠袋

props
道具　背心膠袋

ready...
準備姿勢

① 將背心膠袋張開至最大，然後在袋口打結，並確保空氣不會外洩。

action!
動作

② 以站立姿勢開始，把膠袋拋起；

③ 以手板向上拍打膠袋底部以把它保持在空中30秒至1分鐘；

④ 身體可以不同姿勢，向不同方向或位置移動；

⑤ 可定下不同規則以調整難度或增加趣味，除以下例子外，亦可以憑個人想像力創造新規則：

　a　膠袋保持在頭部或肩膀以上；

　b　膠袋需保持在肩膀及腰部之間；

　c　每次需以左手／右手交替，或手掌／手背交替。

腳控膠袋

props
道具 背心膠袋

ready...
準備姿勢

① 將背心膠袋張開至最大，然後在袋口打結，並確保空氣不會外洩。

action!
動作

② 以站立姿勢開始，把膠袋拋起；

③ 以腳掌不同部位（腳面、腳內側或腳踭）將膠袋向上踢，以把它保持在空中30秒至1分鐘；

④ 身體可以不同姿勢，向不同方向或位置移動；

⑤ 可定下不同規則以調整難度或增加趣味，除以下例子外，亦可以自創更多新規則：

a 膠袋保持在膝蓋或腰以上；

b 膠袋保持在腰部以下；

c 每次需以左腳／右腳交替。

無定向地拖

props
道具

地拖 / 紙拖把 / 木棍

ready...
準備姿勢

① 站立並保持放鬆，眼望前方，單手握住地拖，垂直放在身前（距離約半隻手臂）；

action!
動作

② 輕輕放開地拖，但不要故意把它推向任何一個方向；

③ 當地拖下跌至腰部高度時，跨步踏出並用手把地拖接住，並盡量以大幅度動作移動；

④ 回復至準備姿勢，重複步驟 ① 至 ③ 直至 30 秒到 1 分鐘；

⑤ 如想增加難度，可等待地拖較接近地面時才把它接住。

紙球接龍

props
道具 ▶ 報紙

action!
動作

ready...
準備姿勢

① 把報紙擠成球狀（需要兩個紙球）；

② 雙手各握一個紙球；

③ 右手將紙球用力拋向牆壁，反彈時用同一隻手把它接回；

④ 左手同樣地將紙球拋擲及接回；

⑤ 過程雙臂不可放於低過肩膀高度；

⑥ 不斷重複動作至直至 30 秒到 1 分鐘；

⑦ 如想增加難度，可加快左右手交替投擲速度，或同時投擲兩個紙球。

動物
爬行 ❶

action!
動作

❶ 第一種的動物爬行動作在 P.066 已經向大家
　 介紹過，現在會將這動作應用在燃燒脂肪及心
　 肺功能的訓練；

❷ 可以向不同方向移動，並盡量保持較快的速度；

❸ 背部必須保持與地板平行的直
　 線，及雙膝不可着地；

❹ 維持活動 30 秒至 1 分鐘。

ready...
準備姿勢

① 坐在地上，雙腿屈曲，雙手放在身後近臀部位置，眼向前望；

注意
beware!

手掌及腳踭保持較近身體，移動時腿部伸展不要過多，可以令身體移動更加敏捷。

action!
動作

② 雙手向地下推，臀部會升高並離開地板；

③ 將左手及右腳向前踏一步（眼望的方向），然後到右手及左腳，反覆交替，身體一路向眼望的方向移動；

④ 維持活動 30 秒至 1 分鐘。

動物
爬行 ❸

ready...
準備姿勢　❶ 深蹲姿勢（可參考 P.058）；

action!
動作

❷ 向右移動時，把右手放在右腳外側的前方，左手則放在雙腳中間及前方的位置；

❸ 把身體重心向雙手方向移，手臂保持蹬直，下半身會感覺較輕；

❹ 雙手保持位置，以小步向右邊跳，盡量把臀部提高，及控制雙腳着地時的重量；

❺ 重複步驟 ❷ 至 ❹，同時亦可向左移動；

❻ 維持活動 30 秒至 1 分鐘。

登山者

props
道具

毛巾（長度：約 1 米）

ready...
準備姿勢

① 直手前支撐 (P.070)；

② 雙腳踏在毛巾上，毛
巾不用拉直；

action!
動作

③ 右腳保持踏在毛巾上，往前（頭部方向）滑行，右腿屈曲並將膝部盡量帶到近胸部位置；

④ 繼續保持踏在毛巾上，右腿往後蹬直並返回準備姿勢；

⑤ 以左腳重複步驟 ③ 至 ④；

⑥ 以高速重複動作（左右腳交替），同時必須保持身體直線；

⑦ 維持活動 30 秒至 1 分鐘。

直手／手肘交替支撐

ready...
準備姿勢

① 直手前支撐（P.070）；

beware!
注意

過程身體需要盡量保持成一直線！

action!
動作

② 吸氣時把身體重心移向左臂，然後左臂微曲；

③ 呼氣時把右手前臂輕放在地上；

④ 吸氣時把身體重心移向右臂，呼氣時把左手前臂輕放在地上；

⑤ 吸氣時把身體重心移向左臂，呼氣時把右臂伸展至微曲；

⑥ 吸氣時把身體重心移向右臂，呼氣時把雙臂伸直並回到準備姿勢；

⑦ 重複步驟 ② 至 ⑥，維持活動 30 秒至 1 分鐘。

蹤向彈跳

道具

椅子

準備姿勢

① 把椅子固定，直手前支撐（P.070）；
② 雙腿向前跳一小步；

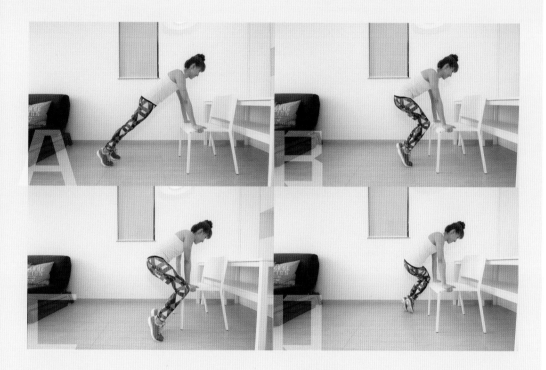

動作

③ 把身體重心向前移，保持直手，雙腳往椅子右邊跳；
④ 繼續保持重心位置及直手，雙腳往椅子右左邊跳；
⑤ 重複步驟 ③ 至 ④，維持活動 30 秒至 1 分鐘。

注意

跳躍時必須前腳掌先著地，減低對膝部的衝擊。

滑行 90 度支撐

props

道具

毛巾

ready...

準備姿勢

① 直手前支撐（可參考 P.070）；

② 雙腳踏在毛巾上，毛巾不用拉直；

動作

③ 雙臂保持伸直，雙腳保持靠近及踏在毛巾上往前（頭部方向）滑行，雙腿屈曲並將膝部盡量帶到近胸部位置，及把雙腳帶到臀部下；

④ 雙腳經過臀部後，繼續一路往前滑行及開始伸直，上身保持挺直；

⑤ 滑行到末端時，雙腿會成直線，而整個身體會成「L」字型；

⑥ 把腿收回到近胸部位置，經過臀部，再向後伸展並回到準備姿勢；

⑦ 重複步驟 ③ 至 ⑥，維持活動 30 秒至 1 分鐘。

SEC.07
放鬆身心
－舒壓伸展操

訓練原則和要點

　　伸展的重要性在於讓身體取得平衡及全面的發展，因繁忙的日常生活及體能訓練等都會使身體長期處於緊張狀態。

本節的訓練目標為：

① 改善身體柔軟度及靈活性，增加關節活動範圍；

② 有助提升運動表現，減少受傷機會，促進身體恢復；

③ 自然改善姿勢，減少因不良姿勢而導致對身體的壓力和不適；

④ 學懂如何放鬆，舒緩日常壓力。

以下為伸展時需要注意事項：

① 保持呼吸，初開始時可使用兩秒吸兩秒呼的節奏。呼吸能夠使身體自然地放鬆，閉氣則有相反效果；

② 注意每個動作及移動時的呼吸順序，我們只會在呼氣時增強伸展；

③ 伸展時必須把全身放鬆，像軟弱無力一樣，當身體在抵抗伸展動作的時候，身體是會同時變得繃緊；

④ 每個動作及身體移動均需要緩慢地及有控制下進行；

⑤ 最後，如訓練時身體任何部位感到不適，應該立刻終止動作並向專業人仕求助。

肩頸伸展

ready 預備操

準備姿勢

① 可拍腳跪在地上或坐在地上，注意上身需要保持挺直；

action!

動作 ①

② 把右手放在左邊耳朵上方，吸一口氣，呼氣時右手輕微向下拉，當感覺到伸展，保持位置並停留 5-10 個呼吸；

③ 於最後一次呼氣時，眼望向右肩，頭部會跟隨轉動，伸展部位會轉至頸後側，保持位置並停留 5-10 個呼吸；

④ 慢慢地把手移開並回復到準備姿勢；

⑤ 換邊並重複動作。

⑥ 吸一口氣，呼氣時把頭慢慢地
向後昂，直至頸前感覺到伸展，
保持位置並停留 5-10 個呼吸；

⑦ 於最後一次呼氣時，回復到準
備姿勢；

⑧ 吸一口氣，呼氣時把頭慢慢地
向前傾，直至頸後感覺到伸展，
把手放在頭後（不用向下拉，
手的重量已經能夠加強伸展），
保持位置並停留 5-10 個呼吸；

⑨ 慢慢地把手移開並回復到準備
姿勢，繼而放鬆身體。

胸肩伸展 ❶

props
道具 ➤ 牆壁

ready...
準備姿勢

① 面向牆壁站立；
② 右手伸直並拍在牆上，與地平線成 45 度角（或指向一點半方向），右肩必須緊貼牆壁；
③ 左手手掌於腋下前平放於牆上；

action!
動作

④ 吸一口氣，呼氣時身體慢慢地向左轉，左手可輕力推向牆壁作幫助；
⑤ 保持位置並作 3-5 次呼吸，最後一次呼氣時再慢慢地向左轉；
⑥ 到最後位置時，再作 3-5 次呼吸，同時嘗試把右手手掌移動並離開牆壁（前臂或上臂會增加感覺）；
⑦ 慢慢地將身體右轉並回到準備姿勢，向後移並放鬆。
⑧ 轉換至左邊並重複動作。

胸肩
伸展 ②

beware!

注意

如果伸展感覺太強烈或肩部有不適，可嘗試把整個前臂放在椅子上。

props
道具 椅子

ready...
準備姿勢

① 準備姿勢為 Cat Pose（可參考 P.044）；

② 右手手掌放在椅子上，手臂放鬆；

action!
動作

③ 吸一口氣，呼氣時上半身慢慢向下沉，將胸部盡量接近地板；

④ 保持位置並作 3-5 次呼吸，最後一次呼氣時再讓上身往下沉；

⑤ 到最後位置時，再作 3-5 次呼吸；

⑥ 用左手協助，將身體慢慢地推起並放鬆身體。

⑦ 轉換至左邊並重複動作。

手臂伸展

ready...
準備姿勢

① 準備姿勢為 Cat Pose（可參考 P.044），但手指需指向膝蓋，而膝蓋位置會比正常 Cat Pose 稍前；

action!
動作

② 吸氣並保持手臂伸直，並確保手掌於整個過程中接觸地面；

③ 呼氣時將身體重心慢慢向後移，將臀部盡量接近腳踭；

④ 當手臂感覺到伸展時，保持位置並作 3-5 次呼吸，並於最後一次呼氣時再讓重心慢慢向後移；

⑤ 到最後位置時，再作 3-5 次呼吸；

⑥ 將重心慢慢地移向前並放鬆身體。

腹部伸展

beware!
注意

如想加強伸展感覺，可於步驟 ❷ 時直接把手推至完全伸直。

beware!
注意

如果下背有不適，可先把身體位置降低（手肘或雙手離開身體多一點），待下背能夠放鬆之後再把手肘或雙手移近身體。

ready...
準備姿勢

① 俯臥在地上，雙手放在腋下兩旁，放鬆身體；

action!
動作

② 吸一口氣，呼氣時雙手慢慢地向下推，頭向前望，然後把前臂放在地面；

③ 保持位置並作 3-5 次呼吸，並於最後一次呼氣時嘗試把下腹再拉近地面，同時挺直上身；

④ 到最後位置時，再作 3-5 次呼吸；

⑤ 慢慢地將上身放回地上，並放鬆身體。

ready...

準備姿勢

① 坐在地上，雙腳彎曲，
　腳掌平放，眼望前方；
② 把雙手放在膝蓋後，右
　手緊握左手手腕；

action!

動作

③ 吸一口氣，呼氣時腳踭以小步向後移，直至腳
　踭僅可以接觸地面而身體不往後掉；
④ 此時上背會形成曲線並有伸展的感覺，保持位
　置並作 3-5 次呼吸，於最後一次呼氣時嘗試把
　前額靠向膝蓋，可加強上背的伸展感覺；
⑤ 到最後位置時，再作 3-5 次呼吸；
⑥ 慢慢地用手將上身拉近大腿，同時腳踭以小步
　向前移，回復至準備姿勢並放鬆。

ready...

準備姿勢

① 準備姿勢為 Cat Pose
（可參考 P.044）；

② 將身體重心移向右
邊，把左腳放在左手
旁邊；

action!

動作

③ 吸一口氣，呼氣時把大腿盡量貼近地面，同時
把上身拉直及挺胸；

④ 保持位置並作 3-5 次呼吸，於最後一次呼氣時
再讓身體放鬆及下沉，令大腿可以更貼近地面；

⑤ 到最後位置時，再作 3-5 次呼吸；

⑥ 將身體重心移向左邊，手向身體移近，同時左
腳慢慢地伸直及回復至步驟 ② 姿勢，放鬆身
體並站立起來；

⑦ 換邊並重複動作。

臀部伸展

ready...
準備姿勢

① 坐在地上，雙腳彎曲，腳掌平
　放，眼望前方；

② 把右腳腳踭放近左邊臀部，右腿
　平放在地上；

③ 把左腳放在右邊大腿外側；

④ 上身向左腳傾前，並以右手抱住
　左腳；

action!
動作

⑤ 吸一口氣，呼氣時上身挺直，但需保持上
　身與大腿的接觸，同時臀部緊貼在地上；

⑥ 保持位置並作 3-5 次呼吸，於最後一次呼
　氣時嘗試把上身向後移，但需要保持上身
　與大腿的接觸，及上身挺直；

⑦ 到最後位置時，再作 3-5 次呼吸；

⑧ 右手把左腳放開，放鬆身體，回復準備姿
　勢 ①；

⑨ 換邊並重複動作。

beware!

注意

如果伸展感覺不
夠強烈，於第二次呼
氣時可嘗試加入身向
左邊旋轉的動作。

大腿伸展

ready...

準備姿勢

① 俯臥在地上，雙手前臂放在地上作支撐，放鬆身體；

action!

動作

② 吸一口氣，呼氣時把左腳向身體方向彎曲，然後用左手握住腳掌；

③ 再吸一口氣，呼氣時慢慢地把腳拉近臀部；

④ 感覺到伸展時，保持位置並作 3-5 次呼吸，於最後一次呼氣時再次把腳拉近臀部；

⑤ 到最後位置時，再作 3-5 次呼吸；

⑥ 放鬆身體，左手先放開腳掌，然後慢慢地把左腳放回地面；

⑦ 換邊並重複動作。

後腿伸展

props
道具 ▸ 毛巾

ready...
準備姿勢

① 躺在地上,雙手各握住毛巾一端,
   腳掌踏在毛巾中間;

action!
動作

② 吸一口氣,呼氣時慢慢地把腿伸直;

③ 再吸一口氣,呼氣時慢慢地用手將
   腿拉近身體,感覺到伸展時,保持
   位置並作 3-5 次呼吸,於最後一次
   呼氣時再用手將腿拉近身體;

④ 到最後位置時,再作 3-5 次呼吸;

⑤ 先把腿慢慢地屈曲,將毛巾放開,
   放鬆身體,然後把腳放回地面;

⑥ 換邊並重複動作。

小腿伸展

props
道具 椅子或窗台

ready...
準備姿勢

1. 站在椅子前，雙腳盤骨闊度打開，腳趾指前，雙手放在椅子上；
2. 屈膝並把前臂放在椅子上作支撐，並把身體重心稍移向前；
3. 把左腳盡量踏後，並伸直左腳；

④ 吸氣一口氣，呼氣時慢慢地將身體重心向後移，並盡量把整個腳掌貼在地上；

⑤ 如腳掌已經貼在地上，則盡量把髖部推向椅子；

⑥ 保持位置並作 3-5 次呼吸，於最後一次呼氣時再次把腳掌推向地面，或把髖部推向椅子；

⑦ 到最後位置時，再作 3-5 次呼吸；

⑧ 先把後腿慢慢地屈曲，放鬆身體，然後站立；

⑨ 換邊並重複動作。

釋放壓力

beware!

注意

可以使用電話鬧鐘，並選擇一些柔和的鈴聲（如小鳥、海浪聲等），以提醒自己結束的時間。

繁忙的都市人每天都承受着不同壓力，腦子很難停頓下來，肌肉也變得繃緊難以放鬆，學習打坐冥想感覺更是遙不可及的事情。在此我會教授大家一個十分容易上手的釋放壓力方法，每天只需要騰出 5 分鐘就可以練習！

props
道具 ➤ 牆壁、咕𠱸

ready...
準備姿勢

1 可選擇其中一個姿勢：

a 躺在地上，把咕𠱸放在上背位置，雙手舉高於頭上，手腳放鬆並伸直；

b 躺在地上，雙手向兩旁放開，手心向上，臀部貼近牆壁，雙腳伸直並放在牆上；

c 盤膝而坐，雙手放在膝部，手心向上，上身挺直；

② 閉起雙眼，全身放鬆；

③ 把所有注意力集中在自己的呼吸；

④ 以 2 秒吸氣，停頓 1 秒，4 秒呼氣
　的節奏呼吸；

⑤ 注意吸氣只有你的肚子會脹起，胸
　部是不會移動的；

⑥ 不需要控制自己的思想，只需要集
　中自己的呼吸節奏便可；

⑦ 過程中在腦海回想並感受兩至三件
　令你開心、興奮或有成功感的事情；
　不需要一定是重大的事情，日常小事
　如和朋友吃了一頓美味的晚餐已經
　可以，只要這事情能帶給你積極和正
　面的感覺；

⑧ 3-5 分鐘後，慢慢地張開雙眼，你不
　但會壓力全消，感覺煥然一新，你更
　會感覺到有更多的能量遍佈全身！

CH. 03

訓練計劃編排

成為自己的
私人健身教練！

訓練計劃編排
原則和要點

你就是你自己的私人健身教練！

　　在之前的章節已經向大家教授了超過 80 個動作，現在你們一定會問應該如何應用，每天訓練時我應該怎樣做等等問題，往下我將會教大家如何在 5 分鐘內化身為自己的私人健身教練，並負責為自己編寫訓練計劃！當你學懂如可應用這些簡單易明的原則，每次訓練的編排都會變得輕鬆自如！

訓練元素

每節的訓練都會包括以下元素：

1. 熱身操（大約佔 15% 時間）；
2. 主菜（即上 / 下身訓練，核心肌群訓練，燒脂瘦身操或舒壓伸展操的其中一項或多項）；
3. 舒壓伸展操（大約佔 15% 時間）。

以下元素會視乎訓練目標和時間而因應加入：

1. 身體移動技能；
2. 放鬆及復原練習。

訓練元素排序

每節訓練的先後排序必須為：

1. 熱身操；
2. 身體移動技能；
3. 主菜（即上 / 下身訓練，核心肌群訓練，燒脂瘦身操或舒壓伸展操的其中一項或多項）；
4. 舒壓伸展操；
5. 放鬆及復原練習。

訓練時間

- 每節訓練時間會以少於 60 分鐘為原則；
- 最短時間並沒有限制。如果當天你只能夠用上 15 分鐘做運動，那就編寫一個 15 分鐘的訓練吧！這一定比完全沒有運動好！

訓練週期

- 由於身體會迅速適應訓練，同一個計劃使用一段時間後就不會對身體造成任何影響和效果；每個訓練計劃週期以 4 至 6 星期為最佳；
- 於同一個週期內，每星期的訓練內容都是相同的，只是強度會有不同：
  - 第一／二星期　適應和調整期，集中學習動作技巧；
  - 第三至五星期　會有明顯進步，可因應加強訓練難度；
  - 第六星期　復原期，把強度調整至之前一個星期的 75%。
- 主菜是因應自己目標而選擇的，每個訓練週期應該有一個或最多兩個目標。

靈活變通

　　今天身體有點不適？ 晚上需要加班至深夜？ 明天和朋友聚會？ 簡單地把當天訓練計劃改一些是沒有大問題的（縮短時間、更改動作／組數等等），只要不要讓運動習慣的節奏被打斷就可以了！

　　最後我會給大家六個訓練計劃範例作參考，同時亦可立刻利用這六個計劃今天就開始運動瘦身，向健康目標進發！

訓練計劃範例 ❶

難度 ★☆☆☆☆

訓練目標　　　　：建立基礎體能 / 運動習慣
每星期訓練次數：3 天（1 天訓練 / 1 天休息），每天 55 分鐘
訓練週期　　　　：6 星期

	第一天	第二天	第三天
熱身操（9 分鐘）	第一節熱身運動所有動作		
身體移動技能（5 分鐘）	坐＋立	拾襪子	三腳架支撐
下身訓練（7 分鐘）	深蹲	滑行式後跨步	橋式
上身訓練（7 分鐘）	直手前支撐	直手後支撐	燕式跳水
核心肌群訓練（7 分鐘）	枕頭運送（前後）	椅子伸腿	平板提手 / 腿
燒脂瘦身操（8 分鐘）	❶ 手打膠袋 30 秒 ❷ 休息 30 秒 ❸ 腳控膠袋 30 秒 ❹ 休息 30 秒	❶ 蹲向彈跳 30 秒 ❷ 休息 30 秒 ❸ 直手 / 手肘交替支撐 ❹ 休息 30 秒	❶ 動物爬行 ❶ 30 秒 ❷ 休息 30 秒 ❸ 動物爬行 ❸ 30 秒 ❹ 休息 30 秒
舒壓伸展操（7 分鐘）	❶ 髖部伸展 ❷ 大腿伸展 ❸ 胸肩伸展	❶ 臀部伸展 ❷ 後腿伸展 ❸ 背部伸展	❶ 肩頸伸展 ❷ 腹部伸展 ❸ 手臂伸展 ❹ 小腿伸展
放鬆及復原（5 分鐘）	釋放壓力練習		

難度 ★★★☆☆

訓練目標　　　：加強力量訓練 / 提升新陳代謝

每星期訓練次數：3 天（1 天訓練 / 1 天休息），每天 60 分鐘

訓練週期　　　：4 星期

	第一天	第二天	第三天
熱身操 （10 分鐘）	第一節熱身運動所有動作		
身體移動技能 （5 分鐘）	坐 + 立	Over / Under	動物爬行
下身訓練 （30 分鐘）	❶ 單腳半蹲 ❷ 滑行式跨馬蹲 ❸ 單腿臀外展 ❹ 後提腿	❶ 掌上壓 ❷ 椅子支撐臂屈伸 ❸ 頭后臂屈伸 ❹ 直手前支撐	❶ 拉毛巾 ❷ 背部下拉 ❸ 燕式跳水 ❹ 直手後支撐
舒壓伸展操 （10 分鐘）	❶ 髖部伸展 ❷ 臀部伸展 ❸ 大腿伸展 ❹ 後腿伸展	❶ 肩頸伸展 ❷ 胸肩伸展 ❸ 胸肩伸展 ❹ 手臂伸展	❶ 背部伸展 ❷ 腹部伸展 ❸ 臀部伸展 ❹ 手臂伸展
放鬆及復原 （5 分鐘）	釋放壓力練習		

訓練計劃範例 ③

難度　★★★☆☆

訓練目標　　　　：燒脂瘦身 / 加強心肺功能
每星期訓練次數：3 天（1 天訓練 / 1 天休息），每天 50 分鐘
訓練週期　　　　：4 星期

	第一天	第二天	第三天
熱身操 （10 分鐘）	第一節熱身運動所有動作		
身體移動技能 （5 分鐘）	動物爬行	坐 ＋ 立	三腳架支撐
燒脂瘦身操 （20 分鐘）	❶ 登山者 ❷ 手打膠袋 ❸ 動物爬行 ❸ ❹ 腳控膠袋 ❺ 滑行 90 度支撐 **每個動作 40 秒** **/ 休息 20 秒**	❶ 動物爬行 ❶ ❷ 紙球接龍 ❸ 動物爬行 ❷ ❹ 無定向地拖 ❺ 動物爬行 ❸ **每個動作 40 秒** **/ 休息 20 秒**	❶ 深蹲 ❷ 直手 / 手肘交替支撐 ❸ 蹤向彈跳 ❹ 滑行 90 度支撐 ❺ 登山者 **每個動作 40 秒** **/ 休息 20 秒**
舒壓伸展操 （10 分鐘）	❶ 髖部伸展 ❷ 臀部伸展 ❸ 大腿伸展 ❹ 後腿伸展 ❺ 胸肩伸展	❶ 髖部伸展 ❷ 臀部伸展 ❸ 大腿伸展 ❹ 後腿伸展 ❺ 胸肩伸展	❶ 髖部伸展 ❷ 臀部伸展 ❸ 大腿伸展 ❹ 後腿伸展 ❺ 胸肩伸展
放鬆及復原 （5 分鐘）	釋放壓力練習		

訓練計劃範例 ❹

難度 ★★☆☆☆

訓練目標　　　：身體靈活度及柔軟度 ／ 休息及復原
每星期訓練次數：4 天（2 天訓練 ／ 1 天休息），每天 55 分鐘
訓練週期　　　：4 星期

	第一 ／ 三天	第二 ／ 四天
熱身操 （10 分鐘）	第一節熱身運動所有動作	
身體移動技能 （10 分鐘）	❶ 坐 ＋ 立 ❷ 動物爬行 ❸ 拾襪子	❶ 深蹲 ❷ Over ／ Under ❸ 三腳架支撐
舒壓伸展操 （30 分鐘）	❶ 髖部伸展 ❷ 臀部伸展 ❸ 大腿伸展 ❹ 後腿伸展 ❺ 胸肩伸展	❶ 肩頸伸展 ❷ 胸肩伸展 ❸ 背部伸展 ❹ 腹部伸展 ❺ 小腿伸展
放鬆及復原 （5 分鐘）	釋放壓力練習	

訓練計劃範例 ⑤

難度　★★★☆☆

訓練目標　　　：全身訓練，適合非常繁忙人仕，或旅行時應用
每星期訓練次數：3 天（1 天訓練 / 1 天休息），每天 35 分鐘
訓練週期　　　：4 星期

	第一天	第二天	第三天
熱身操 （10 分鐘）	第一節熱身運動所有動作		
力量訓練 **燒脂瘦身操** **核心肌群訓練** （15 分鐘）	❶ 深蹲 ❷ 掌上壓 ❸ 直手後支撐 ❹ 平板提手 / 腿 ❺ 蹤向彈跳 每個動作 45 秒 　/ 休息 15 秒	❶ 相撲式深蹲橫行 ❷ 打字機掌上壓 ❸ 燕式跳水 ❹ 側平板扭腹 ❺ 登山者 每個動作 45 秒 　/ 休息 15 秒	❶ 滑行式跨馬蹲 ❷ 直手前支撐 ❸ 背部下拉 ❹ 椅子伸腿 ❺ 直手 / 手肘交 　替支撐 每個動作 40 秒 　/ 休息 20 秒
舒壓伸展操 （10 分鐘）	❶ 髖部伸展 ❷ 臀部伸展 ❸ 大腿伸展 ❹ 後腿伸展 ❺ 胸肩伸展	❶ 肩頸伸展 ❷ 胸肩伸展 ❸ 背部伸展 ❹ 腹部伸展 ❺ 小腿伸展	❶ 髖部伸展 ❷ 臀部伸展 ❸ 大腿伸展 ❹ 後腿伸展 ❺ 胸肩伸展
放鬆及復原 （5 分鐘）	釋放壓力練習		

訓練計劃
範例 6

難度　★★★★☆

訓練目標　　　：針對腹部及核心肌肉群，可加入其他訓練當中
　　　　　　　　（如跑步訓練後）

每星期訓練次數：3 天（1 天訓練 / 1 天休息），每天 21 分鐘

訓練週期　　　：4 星期

	第一天	第二天	第三天
熱身操 （6 分鐘）	脊椎（前後）/ 脊椎（左右）/ 脊椎（旋轉）		
核心肌群訓練 （9 分鐘）	❶ 椅子伸腿 ❷ 單邊伸腿 ❸ 後支撐提腿 每個動作 45 秒 / 休息 15 秒	❶ 人力車 ❷ 折刀式屈體 ❸ 平板提手 / 腿 每個動作 45 秒 / 休息 15 秒	❶ 枕頭運送（前後） ❷ 枕頭運送（左右） ❸ 側平板提腿 每個動作 45 秒 / 休息 15 秒
舒壓伸展操 （6 分鐘）	❶ 腹部伸展 ❷ 髖部伸展 ❸ 背部伸展	❶ 腹部伸展 ❷ 髖部伸展 ❸ 背部伸展	❶ 腹部伸展 ❷ 髖部伸展 ❸ 背部伸展

CH.04

簡單易學的六大飲食法則

我的六大飲食法則

我自己以前都不怎樣注重飲食，就算有相當的運動量，小肚腩和拜拜肉仍在，亦經常感覺疲倦和長暗瘡。而之後當我開始研究和改善飲食，以上情況都一一得到莫大的改善，更讓我對於旅行或和朋友聚會時的飲食選擇，有着前所未有的靈活度和自由，而不是內疚感！

我相信很多人在改善飲食方面都失敗過，主要是因為未能與生活環境作配合與調節，而計劃亦太過刻板或太多規範，讓人最終放棄。經過我積累的研究、閱讀和實踐（包括親身嘗試不同類的飲食方法：如 Atkins、短期間斷食、原始人、素食等等）我整合了六個簡單的飲食法則，任何人都可以跟從。這六個法則有以下特點：

① 以健康和提供能量為大前提，當你有了前面兩者，瘦身減肥會來得自然和輕而易舉；

② 能夠給予充足空間，可以和家人，朋友享受美食，平衡生活；

③ 以建立終生可持續的飲食習慣，並不是一個短期的任務。

RULE 01

減少吸收身體頭號敵人
—— 醣類

除水果外，我會把醣類的吸收減至最低。大量的研究和報告已證實醣類是眾多都市疾病的元兇，包括心血管疾病、癌症、糖尿病、肝臟疾病等，而醣類對腦部及荷爾蒙分泌的影響，更會令人肥胖，減肥更加無望！但水果不是也有醣嗎？ 對的，但是吃水果時，身體可以同時吸收豐富的維他命、礦物質以及纖維，這是人體必需的，而你去喝一罐汽水時並不可獲取的。

RULE 02

多吃有機食物，
少吃化學加工食品

第二個法則就是要多吃新鮮及未經化學加工的食物（可以在大自然或農地直接取得的）。化學加工食品通常包括罐頭、包裝食品、 醃製肉類、麵包及粉麵等。化學加工食品都含有醣、反式脂肪及其他人造色素、防腐劑及味精等成份，對健康或減肥有百害而無一利！而可能的話亦應該多選擇有機食材，減少農藥或者激素對我們身體的禍害。

生命之源——水

水有多重要？我們的身體超過60%是水份，我們可以在沒有食物的情況下維持生命高達三星期，但沒有水只可以維持三天。當我們缺水的時候，身體就不能於最理想的環境下運作，減肥燒脂更會被視為不必要的活動而被擱置。成年人每天需要喝2-3公升水，記住不要等到口渴時才補充，因那時你已經是在缺水的狀態。同時身體在缺水的狀態下也會給我們一個錯誤的飢餓信息，令我們不知不覺間的吃多了！

七彩繽紛的蔬菜、健康的脂肪、減少肉類

那我應該選擇什麼食物呢？我把挑選食物的原則簡化為：「多吃七彩繽紛的蔬菜、減少肉類和多攝取健康的脂肪」。這原則可以令我們身體長期保持鹼性狀態，有助身體於最理想的條件下運作，減少患病機會。多菜少肉令身體消化系統負荷減少，身體感覺更加輕盈，亦令皮膚和面色有非常大的改善！至於何為健康的脂肪呢？ 健康的脂肪（奧米加3和6，以1：1或者1：2的比例攝取 ）不但是身體多個器官和功能不能缺少的營養和能源，能幫助減低患心血管疾病和高血壓的機會，更可幫助燃燒身體積累的脂肪！健康脂肪的來源包括牛油果、堅果、椰子油、魚類等等。

RULE 05

嚴控升醣指數低的碳水化合物

大家有試過「飯氣攻心」飯後薰薰欲睡的感覺嗎？這其實是吃了高升醣指數碳水化合物的結果。 升醣指數（Glycemic Index）簡單說就是指進食碳水化合物後對血醣及胰島素分泌的影響，指數越高代表影響越大。急速的血醣上升給我們短暫的精力，胰島素同時亦會大量分泌去降低血醣，瞬間令我們精力急速下滑，造成這大起大落的現象。高升醣指數食物對身體其他的影響包括增加脂肪吸收，經常感覺飢餓，甚至導致糖尿病等等。 低（55 以下）至中（56-69）升醣指數碳水化合物的選擇包括大部份蔬果、蕃薯、糙米等。有興趣的話，大家可輕易於網上找到各種食物的升醣指數，以及有關方面更深入的探討。

RULE 06

小吃多餐，晚間吃較輕盈的食物

我們身體的運作是基於一套十分聰明的機制，以確保我們在不利條件下可以生存。當食物的吸取量處於過低的水平（過份節食的時候），身體就會假定未來食物是短缺的，從而降低新陳代謝率去減少能量支出（就像動物冬眠的狀態）。這代表你會缺乏精力，不但脂肪不會燃燒，而是會儲起更多脂肪以備不時之需！而當你下一次進食時，更會儲起比正常情況下更多的脂肪！解決方法就是小吃多餐，不讓身體有飢荒的錯覺，保持高的身體陳代謝率，同時進食時通過消化系統的活動，更能夠提高卡路里消耗！另外要注意的是晚間應該吃以蔬菜為主，較輕盈的食物，亦應在睡覺前3 小時進食。研究顯示晚上進食會增加脂肪積累，亦會造成消化不良和影響睡眠質素。

我一天的飲食日記

🕐 **早餐** 08:00

- 一杯青檸水加喜馬拉雅山岩鹽；
- 一碗杏仁奶加入一份有機 Granola、Museli 或 Protein Mix Superfood；
- 水果兩份（選擇較多水份的）。

🕐 **小食** 11:00

- 手掌心份量的堅果；
- 水果一份；
- 素食蛋白質 Smoothie。

🕐 **午餐** 13:30

- 雞胸配番薯及菠菜。

🕐 **下午茶** 16:30

- 手掌心份量的堅果；
- 藍莓半盒；
- 有機椰子乳酪。

🕐 **晚餐** 19:30

- 熱蔬菜沙律（西蘭花、紅蘿蔔、紅菜頭、荷蘭豆、南瓜及茄子等）配以豆腐。

＊另外全日會攝取 2.5-3 公升水份

CH.05

六步助你

邁向成功之路

六 步 助 你 邁 向 成 功 之 路 ！

來到第五章，相信大家對運動和飲食都有了一定程度的認識瞭解。但是我們如果不實際地行動，開始訓練和改變飲食，健康的身體和美好的身段是不會來臨的。在本章節我將和大家分享六個有效的策略，幫助大家輕鬆融入這健康的生活習慣，輕易地達到你夢想追求的效果！

"Knowing is not enough, we must apply. Willing is not enough, we must do."

「光是知道是不夠的，必須加以運用。光是希望是不夠的，非去做不可。」

—— 李小龍

Step 01

先問自己為什麼？

做任何行動之前，我們必須充份瞭解自己做每一件事的原因，才能夠擁有持之以恆的動力！

你做運動的原因又是什麼呢？是不是……

- 在人生中必須擁有過心目中理想的身形？
- 瞭解到沒有一個健康的身體，生命中所有其他的東西都做不到？
- 希望可以挑戰自己的潛力？

你的任務

誠實地寫下你為什麼會有想做運動的想法，或是你閱讀這本書的原因。然後每一天用兩分鐘的時間把它重溫，再閉上眼，設身處地幻想當你可以達到目標時的喜悅，之後再感受你沒有實行這訓練計劃而失敗將帶給你的痛苦。

訂立 SMART 的目標

第二步就是我們需要明確定立自己的目標，才可以為自己編寫合適的訓練計畫！我們的目標必須依據SMART 的原則：

- S（Specific） 目標需要明確清晰，例如：我要腰圍數字 24 吋，或我要完成一個十公里的賽跑等。
- M（Measurable） 你的目標是可以客觀地量度的，以上面的例子 24 吋，和十公里都是客觀的指標。
- A（Achievable）你的目標是有可能達到的，如果你的目標是要在一星期減 100 磅，那當然是沒有可能的事情！
- R（Relevant） 你的目標是要和你之前寫下的「為什麼」有關聯的，否則無論你最後達到的目標有多令人讚嘆，你內心都是不能得到滿足的！
- T（Timely） 每一個目標都需要一個期限，例如三個月內打掉 5% 脂肪，不然的話它是永遠不會發生的！

你的任務

根據你的「為什麼」和 SMART 原則寫下你的目標！

和運動訂立約會時間

我們需要每天訂立一個特定和優先的訓練時間，這個時間是不會因其他約會或工作而更改的。從我多年的教學經驗中，我瞭解到很多人未能夠持續訓練，主要是因為生活上其他的工作或約會總是放在一個較做運動重要的位置，訓練永遠都是被取消的項目。

你的任務

現在就定下和寫下你的特定訓練時間！

由最小的生活習慣做起

有很多生活上的小習慣可以令你更加容易融入一個健康的生活模式，例如：

- 前一晚必須把運動的裝備和食物準備好；
- 可以走路的地方盡量走路；工作時間可以站起來的時間就要站起來；
- 把廚櫃和雪櫃裏不健康的食物丟掉；
- 不要於飢餓的時候去超級市場；
- 買一個大容量的水壺放在辦公桌上，放工前必須把水全部喝掉；
- 預備一些健康的零食放在辦公室。

寫下其他可以幫助你的生活細節，並立刻實行！往後亦可不時加入更多的項目！

瞭解自己的障礙

以前你未能夠堅持運動和健康飲食的原因究竟是什麼呢？ 是不是……

- 不享受你運動的方法？
- 不喜歡吃某一類食物？
- 抽不出時間？
- 不知道如何運動或飲食？
- 運動的環境令到你有不舒適的感覺？

無論障礙是什麼，當你能夠清楚瞭解自己的弱點，便可對症下藥。你亦會發覺許多障礙的解決方法都可在這本書內找到！

寫下你的障礙和解決方法，往後遇到困難時把寫下的解決方法重溫，或重複這練習。

保持正能量

確保自己能夠活在正面積極的環境中,不要讓負面的情緒或逆境令你放棄!

- 和家人或朋友分享自己的目標成果,以及做運動和健康飲食的樂趣;

- 現時網絡的發達,我們很容易可以在網上的一些群組找到一些志趣相投,和能夠鼓勵你的朋友!加入他們可以令你感覺到更多的支持和積極的氣氛!

- 學懂經常自我鼓勵和慶祝 —— 就算事情是很微小,甚至是不順利或面對失敗。今天完成了訓練?慶祝和鼓勵自己!今天吃了不太健康的食物?慶祝自己能夠發現自己的弱點和解決方法!並鼓勵自己繼續努力!

你的任務

閱讀到這裏必須先恭喜自己和慶祝一下,給自己掌聲,並準備迎接一個更健康和美麗的身體!

CH. 06

Bonus for OL

常見不適的舒緩

腳部放鬆 ①

穿着高踭鞋會令身體重心向前移，增加部份腳掌的負擔，而且高踭鞋多較修長，會阻礙腳掌的活動。以下動作可緩和腳部負擔，以及恢復活動範圍。

ready...
準備姿勢

① 深蹲姿勢（可參考 P.058）；

action!
動作

② 把左腳腳踭提起並緊貼臀部，膝蓋向前指；

③ 保持腳趾緊貼地面，慢慢地把膝蓋放在地面，然後把重心移向左邊，直至感覺到腳板有伸展，保持位置並作 5 個呼吸；

④ 於最後一個呼氣時把重心移向右邊，然後慢慢地把整個腳背放在地面上；

⑤ 吸一口氣，呼氣時把重心再次移向左邊；

⑥ 把手放在膝蓋前方，吸一口氣，呼氣時慢慢地把膝部拉起，直至感覺到腳背有伸展，保持位置並作 5 個呼吸；

⑦ 吸一口氣，呼氣時把重心移往右邊，並回復至準備姿勢；

⑧ 換邊並重複動作。

腳部放鬆 ②

穿着高踭鞋容易令腳部疲累，這動作可放鬆腳部肌肉及筋膜，並舒緩經常被擠壓的腳趾。

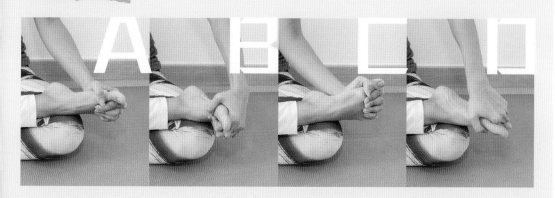

ready....
準備姿勢

① 盤膝而坐；

② 把左手手指（拇指除外），穿過五隻腳趾間的空隙，手掌貼着腳板；

action!
動作

③ 以手腕活動帶動，先把腳掌慢慢地以上下方向扭動，腳掌放鬆；

④ 保持呼吸，重複十次，並嘗試每次增加活動幅度；

⑤ 然後同樣以手腕活動帶動，把腳掌向左右扭動；

⑥ 保持呼吸，重複十次，並嘗試把腳扭動至面向地面或天花板；

⑦ 換邊並重複動作。

手部放鬆 1

以下動作可緩和長期使用手機和滑鼠等而導致手部的不適，更可令手指活動保持靈活。

ready...
準備姿勢

① 盤膝而坐；

action!
動作

② 把左手放在身體前方，手板向天並向前屈曲；

③ 用右手食指，輪流把左手每一手指慢慢地向身體方向拉，直至感覺到伸展，保持位置 3-5 個呼吸；

④ 換邊並重複動作；

⑤ 如需要加強伸展感覺，拉動時可使用兩隻或三隻手。

第二個動作同樣地以緩和因使用手機和滑鼠而致的不適為目標，及保持手指的活動幅度。

ready...
準備姿勢

① 盤膝而坐；

action!
動作

② 把雙手放在身前，手背對着身體；

③ 用右手拇指和食指，輪流把左手每對手指盡量分開， 直至感覺到伸展，保持位置 3-5 個呼吸；

④ 換邊並重複動作。

懶人表示：在家也能瘦

作者
Czon Wong

服裝贊助
adidas

攝影師
Eric Chan & 陳永樂

編輯
Alvin Lam

美術設計
Nora Chung

出版者
萬里機構・萬里書店
香港鰂魚涌英皇道1065號東達中心1305室
電話：2564 7511
傳真：2565 5539
電郵：info@wanlibk.com
網址：http://www.wanlibk.com
　　　http://www.facebook.com/wanlibk

發行者
香港聯合書刊物流有限公司
香港新界大埔汀麗路 36 號
中華商務印刷大廈 3 字樓
電話：2150 2100
傳真：2407 3062
電郵：info@suplogistics.com.hk

承印者
百樂門印刷有限公司

出版日期
二零一七年三月第一次印刷

萬里機構

萬里 Facebook